广东从化陈禾洞省级自然保护区
兰科植物

**Orchids in Chenhedong Provincial Nature Reserve
Conghua Guangdong Province**

主 编 甘新军 余佩琪

华中科技大学出版社
http://press.hust.edu.cn
中国·武汉

图书在版编目（CIP）数据

广东从化陈禾洞省级自然保护区兰科植物 / 甘新军 , 余佩琪主编 . – 武汉：华中科技大学
出版社 , 2024.4
ISBN 978-7-5772-0759-9

Ⅰ . ①广… Ⅱ . ①甘… ②余… Ⅲ . ①自然保护区－兰科－介绍－从化 Ⅳ . ① Q949.71

中国国家版本馆 CIP 数据核字（2024）第 069415 号

广东从化陈禾洞省级自然保护区兰科植物　　　　　　　　甘新军　余佩琪　主编
Guangdong Conghua Chenhedong Shengji Ziran Baohuqu Lanke Zhiwu

出版发行：华中科技大学出版社（中国·武汉）　　　　　　电话：（027）81321913
　　　　　武汉市东湖新技术开发区华工科技园　　　　　　邮编：430223
出 版 人：阮海洪

策划编辑：段园园　吴文静　　　　　　　　　　　　　　　责任监印：朱　玢
责任编辑：郭雨晨　　　　　　　　　　　　　　　　　　　装帧设计：柏桐文化

印　　刷：湖北金港彩印有限公司
开　　本：787 mm × 1092 mm　1/16
印　　张：10
字　　数：96千字
版　　次：2024年4月第1版　第1次印刷
定　　价：198.00元

编委会

主　编：甘新军　余佩琪

副主编：陈焕锦　熊露桥　黄冠杰　吴健梅　钟平生

编　委：（按姓氏笔画排序）

邓焕然　冯爽　朱祖庚　阮磊焱　李醒彬　杨诗敏
吴林芳　张晓聪　张蒙　陈永发　罗新生　黄毅
黄萧洒　梅启明　傅伟鹏

摄　影：（按姓氏笔画排序）

云实　甘新军　冯爽　阮磊焱　李波卡　李策宏
吴林芳　余佩琪　陈永发　陈焕锦　孟德昌　钟平生
钟智明　莫海波　徐晔春　黄芳　黄毅　黄萧洒
曾佑派　简心　熊露桥　颜国铰

编著单位：广东从化陈禾洞省级自然保护区管理处
　　　　　广州林芳生态科技有限公司

序

兰科是单子叶植物的大科，世界上约有 736 属 28000 种，主要分布于热带和亚热带地区。中国是世界上兰科植物资源较丰富的国家之一，共计 200 属 1723 种，其中广东省兰科植物有 80 属 235 种。由于物种自身原因及其生境退化或丧失，兰科植物物种数量在不断减少。兰科植物所有种均被纳入《濒危野生动植物种国际贸易公约》的保护范畴，占该公约中应保护植物的 90% 以上。因此，国内外对兰科植物的研究都十分重视。

陈禾洞省级自然保护区是广州市唯一一个省级自然保护区，是南亚热带常绿阔叶林保存较为完整的原始次生林，是广东省较大的物种分布地区。区内物种起源古老，成分复杂，生物多样性高，同时也是珍稀野生动植物基因库。保护区处处展示大自然的风貌，具有浓厚的原始韵味，其独特的地理环境与温和湿润的气候为兰科植物提供了适宜的生存环境。

本书详细记录了陈禾洞 68 种兰科植物的形态特征、生境及分布，是一部应用性较强的工具书。特别是广东新分布种峨眉竹茎兰、尼泊尔绶草，以及国家重点一级保护野生植物紫纹兜兰的发现，影响广泛。陈禾洞省级自然保护区专业技术团队在广州市内发现了这么多的兰科植物，是可喜可贺之事，同时也说明了陈禾洞省级自然保护区植物的多样性，生态保护成效显著，取得的成绩值得我们骄傲。

书中大部分兰科植物具有较高的科学研究价值，对普及兰科植物知识，促进兰科植物资源繁育研究及开发利用均有重要的参考意义。

我有幸在出版前读到书稿，谨在此向本书的作者表示衷心的祝贺！

前　言

陈禾洞省级自然保护区位于广州市从化区吕田镇，是广州市唯一一个省级自然保护区，是从化区北部重要的生态屏障。

兰科植物对生境要求极为严格，一旦生境被破坏，难以适应环境的兰科植物将减少甚至灭绝，其消退演替非常迅速。随着全球气候环境变化，极端天气与自然灾害对兰科植物影响极大。而陈禾洞省级自然保护区内独特的地理气候与环境孕育了丰富的兰科植物。

陈禾洞省级自然保护区专业技术团队不畏艰险，严谨细致，精益求精，花了半年的时间，走过深山密林，蹚过冰冷溪水，踏遍区内山山水水，在短时间内呈现了尤为珍贵的生态作品，其中的艰辛可想而知。

本书本着实事求是、严谨的科学态度，记录了区内 68 种兰科植物的生长情况。该书内容丰富，图片精美，文字描述生动，是从化区第一部兰科植物专著。

本书的问世为从化区生态文明建设提供了有力的自然资源基础数据，对从化区生态资源保护、植物多样性发展、科学研究将发挥重要作用，对推动从化绿美、促进广东高质量发展具有重大意义。

从化区林业和园林局党组书记、局长

2024 年 2 月 18 日

陈禾洞省级自然保护区兰科植物资源

一、陈禾洞省级自然保护区自然概况

陈禾洞省级自然保护区于 2007 年 1 月经广东省政府批准建立，是目前广州市唯一的省级自然保护区。陈禾洞省级自然保护区位于广州市东北部从化区吕田镇境内，地处大珠三角经济圈，距广州市区 100 km，是广州市城市生态屏障和生态文明建设的重要组成部分。

陈禾洞省级自然保护区总面积 7054.36 hm²，森林覆盖率 94.69%（其中核心区面积 3080.23 hm²，缓冲区面积 1858.15 hm²，实验区面积 2115.98 hm²），涉及塘田、安山、草埔、新联、鱼洞、小杉、吕中和联丰 8 个行政村。陈禾洞省级自然保护区属于森林生态系统类型自然保护区，主要保护对象为南亚热带季风性常绿阔叶林生态系统和国家、地方重点保护的珍稀濒危动植物。

陈禾洞省级自然保护区是广州市的"母亲河"——流溪河的主要发源地之一，区内山形奇特，高峰林立，海拔达 800 m 的山峰有 30 多座，其中鸡枕山、三角山海拔均超过 1000 m。

陈禾洞省级自然保护区共调查记录维管植物 180 科 690 属 1369 种，其中国家一级重点保护植物 1 种（紫纹兜兰），国家二级重点保护植物 43 种，广东特有植物 10 种、模式种 10 种。区内保存了大面积亚热带季风性常绿阔叶林，林中树木高大，树冠郁闭度高，且密林下以山谷溪流为主，气候温和湿润，岩石岩壁上布满苔藓，为兰科植物提供了非常适宜的生存环境。

二、陈禾洞省级自然保护区兰科植物物种组成及分布

为详细了解陈禾洞省级自然保护区兰科植物种类、分布、生长状况及保护措施，专业技术团队进行野外实地调查，参考历史资料，整理出陈禾洞省级自然保护区兰科植物

名录。调查发现，区内兰科植物资源丰富，共记录兰科植物 44 属 82 种。其中，发现广东新分布种 2 个，即峨眉竹茎兰和尼泊尔绶草。

区内兰科植物优势属为石斛属（8 种）、羊耳蒜属（6 种）和兰属（6 种），寡种属有 14 属 35 种，如石豆兰属、虾脊兰属、带唇兰属、玉凤花属等，剩余 27 属 27 种为单种属，这说明陈禾洞省级自然保护区兰科植物种属成分复杂多样。

区内兰科植物生活型齐全，以地生兰为主（47 种，57%），一般生长在常绿阔叶林下、沟谷、溪边，如虾脊兰属、带唇兰属、鹤顶兰属、玉凤花属等；附生兰（32 种，39%）一般附生在林中乔木树干或者藓类植物丰富的阴湿岩石、岩壁上，如羊耳蒜属、石斛属、独蒜兰属等；腐生兰（3 种，4%）生长于腐殖质丰富的林下，如全唇盂兰、无叶美冠兰。

区内兰科植物以广布种为主，如香港带唇兰、广东石豆兰、石仙桃、见血青、金线兰、白肋翻唇兰、竹叶兰等；狭域种有绶草、铁皮石斛、聚石斛、多花脆兰等；小块状分布种有牛齿兰、广东石斛、短穗竹茎兰；点状分布种有紫纹兜兰、褐花羊耳蒜、罗河石斛、峨眉竹茎兰等。

区内兰科植物从山顶到山脚均有分布。广布种的海拔差异不大；狭域种和小块状分布种基本分布在海拔 500 m 以下；点状分布种随海拔递增而减少。

区内兰科植物中，国家一级重点保护植物 1 种，国家二级重点保护植物十多种，广东省重点植物 4 种，均列入《濒危野生动植物种国际贸易公约》（CITES）附录 I 和附录 II；列入《世界自然保护联盟濒危物种红色名录》10 种，其中极危物种（CR）2 种，为紫纹兜兰和铁皮石斛；濒危物种（EN）2 种，为罗河石斛、细裂玉凤花；易危物种（VU）1 种，为台湾独蒜兰；近危物种（NT）1 种，为石仙桃；无危物种（LC）4 种，为钳唇兰、蛤兰、绶草、线柱兰。

三、陈禾洞省级自然保护区兰科植物区系特征

陈禾洞省级自然保护区 44 属兰科植物中，共有 7 个分布型和 1 个变型。其中，世界分布属 4 属，占总属数 9.1%；热带分布属 37 属，占总属数 84.1%；温带分布属 3 属，占总属数 6.8%。

世界分布属 4 属，即羊耳蒜属、沼兰属、无耳沼兰属、小沼兰属。

热带分布属中，热带亚洲分布属最多，有 16 属，占非世界分布属 40%，有石斛属、斑叶兰属、带唇兰属等；其次为热带亚洲至热带大洋洲分布，共 8 属，占非世界分布属 20%，有兰属、石仙桃属、隔距兰属等；泛热带分布 4 属，占非世界分布属 10%，有石豆兰属、虾脊兰属等；旧世界热带分布 4 属，占非世界分布属 10%，有鹤顶兰属、线柱兰属等。除此之外，还有热带亚洲和热带美洲间断分布 2 属，占非世界分布属 5%；热带亚洲至热带非洲分布 2 属，占非世界分布属 5%；热带亚洲分布变型喜马拉雅间断或星散分布至华南、西南分布 1 属，占非世界分布属 2.5%。

温带分布属中，只有 1 个分布类型，即北温带分布，有 3 属，占非世界分布属 7.5%，有玉凤花属、绶草属、舌唇兰属。

区内点状分布种数量较多，如褐花羊耳蒜、尼泊尔绶草、峨眉竹茎兰等。这些兰科植物个体数量极少，主要致危因素为生境破坏和人为破坏。因此，本书对区内兰科植物保护具有重要的意义。陈禾洞省级自然保护区将采取就地保护和迁地保护措施，在确保生境保护得当的基础上，联合科研院所，通过现代生物技术手段对珍稀濒危的兰科植物进行扩繁，加强回归原生地研究，逐步增加野生种群数量，扩大其分布范围。

目录 | CONTENTS

陈禾洞省级自然保护区
兰科植物

01. 多花脆兰

别名　香蕉兰

属　脆兰属

学名　*Acampe rigida* (Buch.-Ham. ex J.E.Smith) P.F.Hunt

保护级别　CITES II

形态特征

附生兰，草本。植株高 50~150 cm。茎粗壮，近直立，不分枝。叶二列，近肉质，狭矩圆形，长 17~40 cm，宽 3.5~5 cm。总状花序腋生具多花；花黄色带紫褐色横纹，不甚开展，具香气；萼片和花瓣近直立；萼片长圆形，长 10~12 mm，宽 5~6 mm，先端钝；花瓣狭倒卵形，长 8~9 mm，宽 3~4 mm；唇瓣白色，厚肉质，3 裂；侧裂片与中裂片垂直，近方形，内面具紫褐色纵条纹；中裂片肉质，近直立，内面和背面基部具少数紫褐色横纹；距倒圆锥形，长约 3 mm；蕊柱两侧紫红色，粗短，长约 2.5 mm。花期 8~9 月。

生境及分布

生于林中树干上或林下岩石上。分布于广东、香港、澳门、海南、广西、贵州、云南。

延伸知识

蒴果圆柱形，近直立，排列如一串香蕉，因此，别名也叫"香蕉兰"。喜生长在低海拔山区溪流沿岸的岩壁或大树上等光照良好的地方，常见庞大群落聚集于岩石一处。

02. 金线兰

别名	花叶开唇兰
属	开唇兰属
学名	*Anoectochilus roxburghii* (Wall.)Lindl.
保护级别	CITES II（国家二级）

形态特征

地生兰，草本。植株高 10~20 cm。根状茎匍匐，伸长，肉质，具节。2~5 枚叶，卵圆形或卵形，长 1.2~3.5 cm，宽 0.8~3 cm，急尖，上面黑紫色有金黄色的脉网，背面带淡紫红色。总状花序具 2~6 朵花，萼片淡红褐色，被毛；花瓣白色，唇瓣在上方，呈 Y 字形，白色，具 6~8 条流苏，蕊柱短，长约 2.5 mm。花期 8~12 月。

生境及分布

生于常绿阔叶林下或沟谷阴湿处。分布于广东、香港、广西、海南、福建、江西、浙江、云南、四川。

延伸知识

叶面暗紫红色，具有金黄色脉网，纵横交错，非常美丽，因而得名"金线兰"。全草入药。其药用价值被过分夸大，导致野生金线兰常被过度挖掘及贩卖，数量锐减，令人痛惜。最近几年，随着人工组织培养技术普及，已有大量人工种植的金线兰来满足巨大的市场需求，有效减少了对野生金线兰的伤害。

03. 佛冈拟兰

属	**拟兰属**
学名	*Apostasia fogangica* Y. Y. Yin, P. S. Zhong & Z. J. Liu
保护级别	CITES II

形态特征

地生兰，草本。植株高 15~40 cm；根状茎较长，与茎无明显界限，有时发出少数支柱状根。叶片披针形或线状披针形。花序顶生，常弯垂，具 1~3 个侧枝，圆锥状，通常有 10 余朵花；花苞片卵形或卵状披针形；花淡黄色，直径约 1 cm；萼片狭长圆形，花瓣与萼片相似，但中脉较粗厚。蒴果圆筒形。花、果期 5~7 月。

生境及分布

生于海拔 690~720 m 的林下。分布于中国、越南、老挝、柬埔寨、泰国、马来西亚、印度尼西亚和印度。

延伸知识

该新种于 2015 年在佛冈观音山省级自然保护区管理处开展植物野外考察时由保护区技术人员发现，初步鉴定为拟兰属疑似新种。2016 年，技术人员在盛花期时再次调查，采集相关标本。专家通过形态比较和基因组、分子生物学分析研究，最终将其确定为兰科新种。该新种首次发现地为佛冈县，故被命名为"佛冈拟兰"。

04. 牛齿兰

属	牛齿兰属
学名	*Appendicula cornuta* Bl.
保护级别	CITES II

形态特征

附生兰，草本。茎丛生，近圆柱形，长
20~50 cm。叶二列互生，斜出，与茎成45°，
狭卵状椭圆形或近长圆形，长 2.5~3.5 cm，宽
6~12 mm。总状花序顶生或侧生，具2~6朵花；
花小，白色，直径约 5 mm；中萼片椭圆形，
长约 3.5 mm，宽 1.8~2 mm，凹陷；侧萼片斜
三角形，长 4~5 mm；萼囊长约 1 mm；花瓣卵
状长圆形，长 2.5~3 mm，宽约 1.5 mm；唇瓣
近长圆形，长 3.5~4 mm，宽约 1.5 mm；蕊柱短。
花期 7~8 月。

生境及分布

生于林中岩石上或阴湿石壁上。分布于广
东、香港、海南、广西、云南。

延伸知识

牛齿兰的叶型左右互生排列，如梯子层层
向上，英文名为 Ladder Orchid。花极小，白色，
花朵外形与牛的牙齿形似，因此得名"牛齿兰"。

05. 竹叶兰

别名 鸟仔花

属 竹叶兰属

学名 *Arundina graminifolia* (D.Don) Hochr.

保护级别 CITES II

形态特征

地生兰，草本。植株高 40~100 cm。茎直立，圆柱形，细竹秆状，通常为叶鞘所包，具多枚叶。叶线状披针形，长 8~20 cm，宽 0.3~2 cm，薄革质。总状或圆锥状花序，具 2~10 朵花；花粉红色或略带紫色或白色；萼片狭椭圆形，长 2.5~4 cm，宽 0.7~0.9 cm；花瓣椭圆形，与萼片等长，宽 1.3~1.5 cm；唇瓣轮廓近长圆状卵形，长 2.5~4 cm，3 裂；中裂片长 1~1.4 cm；唇盘上有 3~5 条褶片；蕊柱稍向前弯，长 2~2.5 cm。花期 9~11 月。

生境及分布

生于草坡、溪谷旁、灌丛下或林中。分布于中国长江以南地区。

延伸知识

本种茎如细竹秆状，叶片狭长似竹叶，因此得名"竹叶兰"。竹叶兰花色秀丽清新，深受人们喜欢。在东南亚许多国家如印度尼西亚、马来西亚、泰国等，人们常将竹叶兰当作围篱植物。竹叶兰还能给庭院增添景致，愉悦心情。

06. 芳香石豆兰

属 石豆兰属

学名 *Bulbophyllum ambrosia* (Hance) Schltr.

保护级别 CITES II（广东省重点）

形态特征

附生兰，草本。根状茎粗 2~3 mm，被覆瓦状鳞片状鞘。假鳞茎圆柱形，长 2~6 cm，粗 3~8 mm，顶生 1 枚叶。叶革质，长圆形，长 3.5~13 cm，宽 1.2~2.2 cm。花葶出自假鳞茎基部，顶生 1 朵花；花淡黄色带紫色，具浓香气；中萼片近长圆形，长 1~1.1 cm，宽 5~7 mm；侧萼片斜卵状三角形，与中萼片近等长，中部以上偏侧而扭曲呈喙状，基部贴生于蕊柱足而形成宽钝的萼囊，具 5 条脉；花瓣卵状三角形，长 6~7 mm，宽 3~4 mm；唇瓣近卵形，边缘稍波状，上面具 1~2 条肉质褶片；蕊柱粗短。花期 2~5 月。

生境及分布

生于山地林中树干上或岩石上。分布于福建、广东、海南、香港、广西、云南。

延伸知识

英国植物学家 Ridley 在 1890 年观察到一种有趣的现象，当传粉昆虫落到唇瓣上时，昆虫的重力作用导致唇瓣向下运动，唇瓣反弹将传粉昆虫掷向合蕊柱，可提高授粉效率。

07. 广东石豆兰

属	石豆兰属
学名	*Bulbophyllum kwangtungense* Schltr.
保护级别	CITES II（广东省重点）

形态特征

附生兰，草本。假鳞茎直立，圆柱状，长 1~2.5 cm，直径 2~5 mm，顶生 1 枚叶，幼时被膜质鞘。叶革质，长圆形，长 2.5~4.7 cm，宽 0.5~1.4 cm。花葶 1 个，从假鳞茎基部或靠近假鳞茎基部的根状茎节上发出，直立，纤细，远高出叶外，长达 9.5 cm，总状花序缩短呈伞状，具 2~7 朵花；花淡黄色；萼片离生，狭披针形，长 8~10 mm；花瓣狭卵状披针形，长 4~5 mm；唇瓣肉质，狭披针形，长约 1.5 mm；蕊柱长约 0.5 mm。花期 5~8 月。

生境及分布

生于山坡林下岩石上。分布于浙江、福建、江西、湖北、湖南、广东、香港、广西、贵州、云南。模式标本采自广东罗浮山。

延伸知识

石豆兰属 Bulbophyllum [（希腊语）bulbos 球茎 + phyllon 叶]，指叶生于假鳞茎的顶端。

广东石豆兰主治风热咽痛、肺热咳嗽、阴虚内热等。近年来，有相关研究发现该种的乙酸乙酯和正丁醇提取物具有一定的杀伤肿瘤细胞的作用。

08. 棒距虾脊兰

属	虾脊兰属
学名	*Calanthe clavata* Lindl.
保护级别	CITES II

形态特征

　　地生兰，草本。根状茎粗壮，节上生粗壮的根。假鳞茎很短，完全为叶鞘所包。叶狭椭圆形，长达 65 cm，宽 4~10 cm。花葶 1~2 个，生于茎的基部；总状花序圆柱形，具许多花；花黄色；中萼片椭圆形，先端急尖，具 5 条脉；侧萼片近长圆形，先端急尖并呈芒状，具 5 条脉；花瓣倒卵状椭圆形，先端锐尖，具 5 条脉，仅中央 3 条脉到达先端；唇瓣基部近截形，与整个蕊柱翅合生，3 裂；侧裂片耳状或近卵状三角形，直立；中裂片近圆形，先端截形并微凹；距棒状，劲直，长 9 mm；蕊柱长约 7 mm。花期 11~12 月。

生境及分布

　　生于海拔 870~1300 m 的山地密林下或山谷岩边。分布于福建、江西、广东、海南、广西、云南和西藏。

09. 密花虾脊兰

别名 密花根节兰、竹叶根节兰

属 虾脊兰属

学名 *Calanthe densiflora* Lindl.

保护级别 CITES II

形态特征

地生兰，草本。根状茎匍匐，长而粗壮，被覆鳞片状鞘。假茎细长，长 10~16 cm，粗约 8 mm，具 3 枚鞘和 3 枚折扇状叶。叶披针形或狭椭圆形，长达 40 cm，宽 2.3~6.5 cm。花葶 1~2 个，从假茎的基部侧面发出，直立；总状花序呈球状，由许多放射状排列的花所组成；花淡黄色；萼片相似，长圆形，先端急尖并呈芒状，具 3~5 条脉；花瓣近匙形，先端锐尖，具 3 条脉；唇瓣基部合生于蕊柱基部上方的蕊柱翅上，中上部 3 裂；侧裂片卵状三角形；中裂片近方形；唇盘上具 2 条褶片；褶片膜质，三角形；距圆筒形，长 16 mm；蕊柱细长，长 12 mm，多少弧曲，基部扩大。蒴果椭圆状球形，近悬垂。花期 8~9 月，果期 10 月。

生境及分布

生于海拔 1000~2600 m 的混交林下和山谷溪边。分布于台湾、广东、海南、广西、四川、云南和西藏。

延伸知识

本种的总状花序呈绣球状，着花 30~50 朵，排列紧密，直径为 2~2.3 cm，花朵半开，花色为柠檬黄，十分显眼。

10. 钩距虾脊兰

别名 纤花根节兰、细花根节兰

属 虾脊兰属

学名 *Calanthe graciliflora* Hayata.

保护级别 CITES II

形态特征

地生兰,草本。假鳞茎短,近卵球形,粗约 2 cm,包藏于叶鞘内。叶 3~4 枚,先花后叶,叶椭圆形或椭圆状披针形,长达 33 cm,宽 5.5~10 cm。花葶发自叶腋,长达 70 cm,密被短毛。总状花序长达 32 cm,疏生多数花;萼片和花瓣背面褐色,内面淡黄色;花瓣倒卵状披针形,长 9~13 mm,宽 3~4 mm,无毛;唇瓣浅白色,3 裂;唇盘上具 4 个褐色斑点和 3 条平行的龙骨状脊;蕊柱长约 4 mm。花期 3~5 月。

生境及分布

生于山谷溪边、林下等阴湿处。分布于安徽、浙江、江西、台湾、湖北、湖南、广东、香港、广西、四川、贵州、云南。

延伸知识

钩距虾脊兰形如其名,花距圆筒形,常钩曲,末端变狭。本种生长地海拔跨度大,范围为 250~1500 m,但多集中在 800~1000 m 的中等海拔高度。

11. 乐昌虾脊兰

属	虾脊兰属
学名	*Calanthe lechangensis* Z.H.Tsi & T.Tang
保护级别	CITES II（广东省重点）

形态特征

地生兰，草本。假鳞茎粗短，圆锥形，常具 1 枚叶。叶宽椭圆形，长 20~ 30 cm，宽 8~11 cm，两面无毛。花葶直立，长达 35 cm；总状花序疏生 4~5 朵花；花浅红色至白色；中萼片卵状披针形，长 17~18 mm，中部宽 6~7 mm；侧萼片稍斜的长圆形，先端多少钩曲并急尖而呈芒状；花瓣长圆状披针形，长 15~16 mm，中部宽 4.5~5 mm；唇瓣倒卵状圆形，3 裂；侧裂片很小，牙齿状，长 1~3 mm，宽 0.8~1.2 mm，两侧裂片之间具 3 条隆起的褶片；中裂片宽卵状楔形，长 1 cm，近先端处宽 1 cm，先端微凹并具短尖，边缘呈波状；距圆筒形，伸直，长约 9 mm；蕊柱长 6 mm。花期 3~4 月。

生境及分布

生于山谷溪边、疏林下。分布于广东（乐昌、乳源、从化、惠州）。

延伸知识

乐昌虾脊兰株形优美，叶片宽阔婆娑，花色美丽淡雅，花序叠加有序，具有较高的观赏价值。它分布范围较窄，仅分布于广东从化、惠州等地，野生数量少，处于濒危状态，保育价值较高。

12. 黄兰

属	黄兰属
学名	*Cephalantheropsis obcordata* (Lindley) Ormerod
保护级别	CITES II

形态特征

　　地生兰，草本。植株高达 1 m。茎直立，圆柱形，长达 60 cm，具多节。叶 5~8 枚，互生于茎上部，纸质，长圆形或长圆状披针形，长达 35 cm，宽 4~8 cm。花葶 2~3 个，直立，长达 60 cm；花青绿色或黄绿色，伸展；萼片和花瓣反折；中萼片和侧萼片相似，椭圆状披针形，长 9~11 mm，宽 3.5~4 mm；花瓣卵状椭圆形，长 8~10 mm，宽 3.5~4 mm；唇瓣近长圆形，中部以上 3 裂，中部以下稍凹陷，无距；侧裂片围抱蕊柱，近三角形；中裂片近肾形，先端有凹缺并具 1 个细尖，边缘强烈皱波状，上面具 2 条黄色的褶片，褶片之间具许多橘红色的小泡状颗粒；蕊柱长 3~5 mm。花期 9~12 月。

生境及分布

　　生于海拔约 450 m 的密林下。分布于福建、台湾、广东、香港、海南。

延伸知识

　　黄兰多生长在密林下潮湿、含丰富腐殖质的土里。叶片婆娑宽阔，植株高达 1 m，非花期的时候，容易令人以为它是姜科植物。一进入秋季，它便迅速冒出花箭，随后开出黄灿灿的花。

13. 广东异型兰

属　**异型兰属**
学名　*Chiloschista guangdongensis* Z. H. Tsi
保护级别　CITES II

形态特征

附生兰，草本。茎极短，具许多扁平、长而弯曲的根。无叶。总状花序1~2个，下垂，疏生数朵花；花序轴和花序柄长1.5~6 cm，粗1 mm，密被硬毛；花苞片膜质，卵状披针形，长3~3.5 mm，先端急尖，具1条脉，无毛；花梗和子房长约5 mm，密被茸毛；花黄色，无毛；中萼片卵形，长约5 mm，宽3 mm，先端圆形，具5条脉；侧萼片近椭圆形，与中萼片约等大，先端圆形，具4条脉；花瓣相较于中萼片稍小，具3条脉；唇瓣以1个关节与蕊柱足末端连接，3裂；侧裂片直立，半圆形；中裂片卵状三角形，与侧裂片近等大，先端圆形，上面两侧裂片之间稍凹陷且具1个海绵状球形的附属物；蕊柱长约1.5 mm，基部扩大，具长约3 mm的蕊柱足；药帽前端短喙状，两侧边缘各具1条丝状附属物。蒴果圆柱形，劲直，长约2 cm，粗约4 mm。花期4月，果期5~6月。

生境及分布

生于山地常绿阔叶林中树干上。分布于广东北部（乳源）。

延伸知识

此种花较小，花苞片、花均无毛，唇瓣中裂片较大，几与侧裂片等大，易于辨识。

14. 红花隔距兰

属	**隔距兰属**
学名	*Cleisostoma williamsonii* (Rchb. F.) Garay
保护级别	CITES II

形态特征

附生兰，草本。植株通常悬垂。叶肉质，圆柱形，长6~10 cm，粗2~3 mm，先端稍钝。花序侧生，斜出，总状花序或圆锥花序具密生小花；花粉红色；中萼片卵状椭圆形，舟状；侧萼片斜卵状椭圆形；花瓣长圆形；唇瓣深紫红色，3裂；侧裂片直立，舌状长圆形；中裂片肉质，狭卵状三角形，上面中央具1条纵向的脊突；距球形，两侧稍压扁，粗约2 mm，末端凹入；中裂片较粗壮，基部2浅裂并且密布乳突状毛；蕊柱长2 mm。花期4~6月。

生境及分布

生于海拔300~2000 m的山地林中树干上或山谷林下岩石上。分布于广东、海南、广西、贵州、云南。

延伸知识

隔距兰属 Cleisostoma [（希腊语）kleio 封密 + stoma 口]，指唇瓣基部的突起与距后壁上的胼胝相连接，因而封闭距的入口。红花隔距兰有圆柱状的叶，以减少水分蒸发。

15. 流苏贝母兰

別名　**贝母兰**
属　　**贝母兰属**
学名　*Coelogyne fimbriata* Lindl.
保护级别　CITES II

形态特征

附生兰，草本。假鳞茎卵形，长 0.8~4 cm，顶生 2 叶。叶矩圆状披针形，长 5~12 cm，宽 0.8~2.8 cm。花序从假鳞茎顶部发出，常 1~2 朵花；花淡黄色；花瓣狭线形，和萼片近等长，长 1.5~1.8 cm，宽 0.8~1 mm；唇瓣卵形，黄色或具红褐色条纹，长 1.5~1.9 cm，3 裂；中裂片近圆形，上具红褐色斑点，边缘具流苏；唇盘上常具 2 条纵褶片，蕊柱长 1~1.3 cm。花期 8~10 月。

生境及分布

生于林缘树干上或溪谷旁荫蔽岩石上。分布于江西、广东、香港、广西、云南、西藏。

延伸知识

贝母兰属 Coelogyne [（希腊语）koelos 空的 + gyne 妇人]，指雄蕊凹陷。流苏贝母兰的中裂片边缘有一排睫毛状的流苏，名字中的"流苏"源于此处结构，花朵色彩艳丽，引人注目。每年秋末，山野草木萧条，应季野花极少，能在此刻看到流苏贝母兰的美丽姿容，亦算是乐事一桩。

16. 蛤兰

别名	小毛兰
属	蛤兰属
学名	*Conchidium pusillum* Griff.
保护级别	CITES II

　　附生兰，草本。植株矮小。假鳞茎近球形，粗 3~6 mm，被覆盖网格状膜质鞘，顶端具 2~3 叶。叶倒披针形、倒卵形或近圆形，长 0.5~1.4 cm，宽 3~4 mm，先端圆钝。花葶生于假鳞茎顶端，长约 5 mm；总状花序具 1~2 朵花；花小，白色或淡黄色；中萼片卵状披针形，长约 4 mm，宽近 1.5 mm；侧萼片卵状三角形，稍偏斜，长近 4.5 mm，基部宽约 2 mm，先端渐尖，与蕊柱足合生成萼囊；花瓣披针形，长近 4 mm，宽约 1 mm；唇瓣近椭圆形，不裂，长约 3.5 mm，宽约 1.5 mm，前半部边缘具不整齐细齿，有 3 条不等长的线纹；蕊柱长仅 1 mm。花期 10~11 月。

生境及分布

　　生于林中，常与苔藓混生在石上或树干上。分布于广东、香港、海南。模式标本采自香港。

延伸知识

　　毛兰属的对茎毛兰 *Eria pusilla*（Griff.）Lindl. 与小毛兰 *Eria sinica*（Lindl.）Lindl. 外形十分接近，后来 Foc 把这两个种合并成"蛤兰"，并为蛤兰属。

17. 浅裂沼兰

属	沼兰属
学名	*Crepidium acuminatum* (D. Don) Szlachetko
保护级别	CITES II

形态特征

地生兰或半附生，草本。肉质茎圆柱形，长 4~7 cm，直径 4~6 mm，具数节，大部分包藏于叶鞘之内。叶 3~5 枚，斜卵形、卵状长圆形或近椭圆形，长 6~12 cm，宽 2.5~6 cm，先端渐尖。花葶直立；总状花序长 3~9 cm，具 10 余朵或更多的花；花紫红色；中萼片狭长圆形或宽线形，先端钝，两侧边缘外卷，具 3 脉；侧萼片长圆形，先端钝，边缘亦外卷；花瓣狭线形，长 8~9 mm，宽约 0.8 mm，边缘外卷；唇瓣位于上方，卵状长圆；前部中央有凹槽，先端 2 浅裂，裂口深 1 mm；耳近狭卵形，约占唇瓣全长的 1/5~2/5；蕊柱粗短。蒴果倒卵状长圆形。花、果期 5~7 月。

生境及分布

生于林下、溪谷旁或荫蔽处的岩石上，海拔 300~2100 m。分布于台湾、广东、贵州和云南。

18. 深裂沼兰

别名 红花沼兰

属 沼兰属

学名 *Crepidium purpureum* (Lindley) Szlachetko

保护级别 CITES II

形态特征

地生兰，草本。具肉质茎。肉质茎圆柱形，具数节，包藏于叶鞘之内。叶通常 3~4 枚，斜卵形或长圆形。花葶直立，长 15~25 cm，近无翅；总状花序长 7~15 cm，多具 10~30 朵花；花多为红色，偶见浅黄色，直径 8~10 mm；花瓣狭线形，长 4~5.5 mm，宽 0.6~0.9 mm；唇瓣位于上方，整个轮廓近卵状矩圆形，由前部和一对向后伸展的耳组成。花期 6~7 月。

生境及分布

生于林下或灌丛中阴湿处，海拔 450~1600 m。分布于中国广西西南部、四川西部和云南西南部至南部。斯里兰卡、印度、越南、老挝、泰国、菲律宾也有分布。

延伸知识

本种有栽培，具有较高的园艺价值。

19. 建兰

别名	四季兰
属	兰属
学名	*Cymbidium ensifolium* (L.)Sw.
保护级别	CITES II（国家二级）

形态特征

地生兰，草本。假鳞茎卵球形，长 1.5~2.5 cm，包藏于叶基之内。叶带形，有光泽，长 30~60 cm，宽 1~1.5 cm。花葶侧生，直立，长 20~35 cm。总状花序具 4~9 朵花；花苞片长 5~8 mm；花常有香气，色泽变化较大，通常为浅黄绿色而具紫斑。萼片近狭长圆形或狭椭圆形，长 2.3~2.8 cm，宽 5~8 mm；花瓣狭椭圆形或狭卵状椭圆形，长 1.5~2.4 cm，宽 5~8 mm，近平展；唇瓣近卵形，长 1.5~2.3 cm，略 3 裂；中裂片卵形，具小乳突；唇盘上有 2 条纵褶片；蕊柱长 1~1.4 cm。花期 6~10 月。

生境及分布

生于疏林下、灌丛中、山谷旁或草丛中，海拔 600~1800 m。分布于安徽、浙江、江西、福建、台湾、湖南、广东、海南、广西、四川、贵州、云南。

延伸知识

建兰是中国国兰（兰科兰属）之一。味道清香，变型很多，有些变型从夏至秋季一直开花，故有"四季兰"之称。它主要产于福建、广东、四川，多生于腐殖质和砾石较多的地方。

20. 多花兰

别名 蜜蜂兰

属 兰属

学名 *Cymbidium floribundum* Lindl.

保护级别 CITES II（国家二级）

形态特征

地生兰或半附生，草本。假鳞茎近卵球形，稍压扁，包藏于叶基之内。叶通常5~6枚，带形，坚纸质，长22~50 cm，宽8~18 mm。花葶自假鳞茎基部穿鞘而出，近直立或外弯，长16~28 cm；花序通常具10~40朵花；花较密集，一般无香气；萼片与花瓣红褐色，唇瓣白色而在侧裂片与中裂片上有紫红色斑，褶片黄色；萼片狭长圆形；花瓣狭椭圆形，长1.4~1.6 cm，萼片近等宽；唇瓣近卵形，长1.6~1.8 cm，3裂；侧裂片直立，具小乳突；中裂片稍外弯，亦具小乳突；唇盘上有2条纵褶片，褶片末端靠合；蕊柱长1.1~1.4 cm，略向前弯曲。蒴果近长圆形。花期4~8月。

生境及分布

生于林中、林缘树上、溪谷旁岩石上或岩壁上，海拔100~3300 m。分布于浙江、江西、福建、台湾、湖北、湖南、广东、广西、四川、贵州、云南。

延伸知识

多花兰别名蜜蜂兰，不但外形颇似雌性蜜蜂，利用拟态进行伪装，而且可以散发出一种雌性蜜蜂交配时的气味，从而引来雄蜂，达到虫媒授粉繁殖的目的。

21. 春兰

属	兰属
学名	*Cymbidium goeringii* (Rchb.f.) Rchb.F.
保护级别	CITES II（国家二级）

形态特征

地生兰，草本。假鳞茎较小，卵球形。叶 4~7 枚，带形，较短小，长 20~40 cm，宽 5~9 mm，边缘无齿或具细齿。花葶从假鳞茎基部外侧叶腋中抽出，直立，长 3~15 cm，明显短于叶；花序具单朵花；花色泽变化较大，通常为绿色或淡褐黄色而有紫褐色脉纹，有香气；萼片近长圆形至长圆状倒卵形；花瓣倒卵状椭圆形至长圆状卵形，长 1.7~3 cm，与萼片近等宽；唇瓣近卵形，长 1.4~2.8 cm，不明显 3 裂；侧裂片直立，具小乳突，在内侧靠近纵褶片处各有 1 个肥厚的皱褶状物；中裂片较大，强烈外弯，上面亦有乳突，边缘略呈波状；唇盘上 2 条纵褶片从基部上方延伸至中裂片基部以上；蕊柱长 1.2~1.8 cm，两侧有较宽的翅。蒴果狭椭圆形。花期 1~3 月。

生境及分布

生于多石山坡、林缘、林中透光处，海拔 300~2200 m，在台湾可生长于海拔 3000 m 处。分布于陕西、甘肃、江苏、安徽、浙江、江西、福建、台湾、河南、湖北、湖南、广东、广西、四川、贵州、云南。

22. 密花石斛

属	石斛属
学名	*Dendrobium densiflorum* Wallich
保护级别	CITES II（国家二级）

形态特征

附生兰，草本。茎粗壮，常棒状，稀纺锤形，下部细圆柱形；叶近茎端互生，长圆状披针形，基部不下延为抱茎鞘；花序生于有叶老茎上端，密生多花，苞片纸质，近倒卵形，干后常席卷或扭曲，萼片和花瓣淡黄色，中萼片卵形，侧萼片卵状披针形，花瓣近圆形。花期 4~5 月。

生境及分布

常生于海拔 420~1000 m 的常绿阔叶林中树干上或山谷岩石上。喜高温、高湿环境，较耐寒，忌酷热及干燥，喜半阴，忌阳光直射。分布于广东北部、海南、广西、西藏东南部等地。

延伸知识

茎可入药，有生津止渴等功效，可用于治疗热病伤津、病后虚弱、口干烦渴等症状。花朵密集，花色娇艳美丽。

23. 聚石斛

属 石斛属

学名 *Dendrobium lindleyi* Stendel.

保护级别 CITES II（国家二级）

形态特征

附生兰，草本。茎假鳞茎状，密集或丛生，两侧压扁状，纺锤形或卵状长圆形，长 1~5 cm，粗 5~15 mm，顶生 1 枚叶。叶革质，长圆形，长 3~8 cm，宽 6~30 mm，边缘波状。总状花序从茎上端发出，疏生数朵至 10 余朵花；花橘黄色，开展，薄纸质；中萼片卵状披针形，长约 2 cm，宽 7~8 mm，先端稍钝；侧萼片与中萼片近等大；花瓣宽椭圆形，长 2 cm，宽 1 cm，先端圆钝；唇瓣横长圆形或近肾形，通常长约 1.5 cm，宽 2 cm，不裂；蕊柱粗短，长约 4 mm。花期 4~5 月。

生境及分布

生于海拔 1000 m 且阳光充足的疏林中树干上。分布于广东、香港、海南、广西、贵州。

延伸知识

其茎聚生，常呈龟甲状，片附生于树干上。聚石斛植株虽小，花却大且艳。每年春季花期，金花开放，远远望去，金黄灿烂一片。聚石斛已经成为常见园艺观赏种之一。

24. 美花石斛

别名 粉花石斛

属 石斛属

学名 *Dendrobium loddigesii* Rolfe

保护级别 CITES II（国家二级）

形态特征

附生兰，草本。茎柔弱，常下垂，细圆柱形，长 10~45 cm。叶纸质，二列，互生于整个茎上，舌形，长圆状披针形或稍斜长圆形，通常长 2~4 cm，宽 1~1.3 cm。花白色或紫红色，每束 1~2 朵侧生于具叶的老茎上部；中萼片卵状长圆形，先端锐尖，具 5 条脉；侧萼片披针形，先端急尖，基部歪斜，具 5 条脉；萼囊近球形；花瓣椭圆形，具 3~5 条脉；唇瓣近圆形，直径 1.7~2 cm，上面中央金黄色，周边淡紫红色，边缘具短流苏，两面密布短柔毛；蕊柱白色，正面两侧具红色条纹，长约 4 mm。花期 4~5 月。

生境及分布

生于海拔 400~1500 m 的山地林中树干上或林下岩石上。分布于广西、广东、海南、贵州、云南。模式标本采自广东（罗浮山）。

延伸知识

惠州市龙门县一古村的老香樟树上生长着大量的美花石斛，每年四月底到五月初为盛花期，远远看上去，树枝上绯红一片，景观奇特。

25. 罗河石斛

属	石斛属
学名	*Dendrobium lohohense* Tang et Wang
保护级别	CITES II（国家二级）

形态特征

附生兰，草本。茎质地稍硬，圆柱形，长达 80 cm。叶薄革质，二列，长圆形，长 3~4.5 cm，宽 5~16 mm，先端急尖，基部具抱茎的鞘。花蜡黄色，稍肉质，总状花序减退为单朵花，侧生于具叶的茎端或叶腋，直立；中萼片椭圆形，先端圆钝，具 7 条脉；侧萼片斜椭圆形，先端钝，具 7 条脉；萼囊近球形；花瓣椭圆形，长 17 mm，宽约 10 mm，先端圆钝，具 7 条脉；唇瓣不裂，倒卵形，长约 20 mm，宽约 17 mm，基部楔形而两侧围抱蕊柱，前端边缘具不整齐的细齿；蕊柱长约 3 mm，顶端两侧各具 2 个蕊柱齿。花期 6 月，果期 7~8 月。

生境及分布

生于海拔 980~1500 m 的山谷或林缘的岩石上。分布于湖北、湖南、广东、广西、四川、贵州、云南。模式标本采自广西（凌云）。

26. 细茎石斛

别名 铜皮石斛、台湾石斛

属 石斛属

学名 *Dendrobium moniliforme* (L.)Sw.

保护级别 CITES II（国家二级）

形态特征

附生兰，草本。茎直立，细圆柱形，通常长 10~20 cm，粗 3~5 mm，具多节。叶数枚，二列，披针形或长圆形，长 3~4.5 cm，宽 5~10 mm，先端钝并且稍不等侧 2 裂。总状花序 2 至数个，通常具 1~3 朵花；花黄绿色、白色或白色带淡紫红色，有时芳香；萼片和花瓣相似，卵状长圆形，先端锐尖或钝，具 5 条脉；花瓣通常比萼片稍宽；唇瓣白色、淡黄绿色或绿白色，带淡褐色或紫红色至浅黄色斑块，基部楔形，3 裂；侧裂片半圆形，直立，围抱蕊柱；中裂片卵状披针形；唇盘在两侧裂片之间密布短柔毛，基部常具 1 个椭圆形胼胝体，近中裂片基部通常具 1 个紫红色、淡褐色或浅黄色的斑块；蕊柱白色，长约 3 mm。花期 3~5 月。

生境及分布

生于海拔 590~3000 m 的阔叶林中树干上或山谷岩壁上。分布于陕西、甘肃、安徽、浙江、江西、福建、台湾、河南、湖南、广东、广西、贵州、四川、云南。

延伸知识

植株的大小，花的颜色，尤其唇瓣的形状和唇盘的结构常因地区不同而变化。常见的细茎石斛有两种：A 青茎型，开白花；B 褐茎型，开黄褐色花。

27. 铁皮石斛

别名　黑节草、云南铁皮

属　　石斛属

学名　*Dendrobium officinale* Kimura et Migo

保护级别　CITES II（国家二级）

形态特征

附生兰，草本。茎直立，圆柱形，不分枝，具多节。叶 3~5 枚，二列，纸质，长圆状披针形，长 3~7 cm，宽 9~15 mm。总状花序具 2~3 朵花；萼片和花瓣黄绿色，近相似，长圆状披针形，长约 1.8 cm，宽 4~5 mm，先端锐尖；唇瓣白色，基部具 1 个黄绿色的胼胝体，卵状披针形，中部反折，先端急尖，不裂或不明显 3 裂，中部以下两侧具紫红色条纹，边缘多少波状；唇盘密布细乳突状的毛，中部以上具 1 个紫红色斑块；蕊柱长约 3 mm。花期 3~6 月。

生境及分布

生于山地半阴湿的岩石上。分布于安徽、浙江、福建、广东、广西、四川、云南。

延伸知识

《道藏》曾经把铁皮石斛列为中华九大仙草之一，铁皮石斛一直是皇室御用贡品。铁皮石斛有清热退烧的功能，加工后名为"西枫斗"。

28. 广东石斛

属 石斛属

学名 *Dendrobium kwangtungense* C. L. Tso

保护级别 CITES Ⅱ（国家二级）

形态特征

    附生兰，草本。茎直立或斜立，细圆柱形，不分枝。叶革质，互生于茎的上部，狭长圆形，长 3~5 cm，宽 6~12 mm，先端钝并且稍不等侧 2 裂。总状花序 1~4 个，具 1~2 朵花；花大，乳白色，有时带淡红色，开展；中萼片长圆状披针形，具 5~6 条主脉和许多支脉；侧萼片三角状披针形，与中萼片等长，具 5~6 条主脉和许多支脉；萼囊半球形；花瓣近椭圆形，具 5~6 条主脉和许多支脉；唇瓣卵状披针形，3 裂或不明显 3 裂，基部楔形，其中央具 1 个胼胝体；唇盘中央具 1 个黄绿色的斑块，密布短毛；蕊柱长约 4 mm。花期 5 月。

生境及分布

    生于海拔 1000~1300 m 的山地阔叶林中树干上或林下岩石上。分布于福建、湖北、湖南、广东、广西、四川、贵州、云南。模式标本采自四川。

29. 无耳沼兰

别名 阔叶沼兰

属 无耳沼兰属

学名 *Dienia ophrydis*(J. Koenig) Ormerod & Seidenfaden

保护级别 CITES II

形态特征

地生兰，草本。肉质茎圆柱形，长 2~10 cm，具数节，包藏于叶鞘之内。叶通常 4~5 枚，斜卵状椭圆形、卵形或狭椭圆状披针形，长 7~25 cm，宽 2.5~9 cm。总状花序长 5~25 cm，密生多花；花小，紫红色至黄绿色，密集；中萼片狭长圆形，长 3~3.5 mm，宽 1.1~1.2 mm；侧萼片斜卵形，长 2~2.5 mm，宽 1.2~1.4 mm；花瓣线形，长 2.5~3.2 mm，宽约 0.7 mm；唇瓣近宽卵形，凹陷，长约 2 mm，宽约 2.5 mm，先端骤然收狭或近 3 裂；中裂片狭卵形，长 0.7~1.1 mm；侧裂片不明显；蕊柱粗短，长约 1.2 mm。花期 5~8 月。

生境及分布

生于林下、灌丛中或溪谷旁荫蔽处的岩石上，海拔 2000 m 以下。分布于福建、台湾、广东、海南、广西、云南。

延伸知识

本种多生长在竹林下面，是典型的竹林内兰花。叶片非常宽阔，长可达 25 cm，宽可达 9 cm，因此得别名"阔叶沼兰"。花序从底部至顶部逐步开花，上青色下紫色，远看如一个双色刷子。

30. 单叶厚唇兰

别名 三星石斛、小攀龙

属 厚唇兰属

学名 *Epigeneium fargesii* (Finet) Gagnep.

保护级别 CITES II

形态特征

附生兰，草本。假鳞茎近卵形。叶厚革质，干后呈栗色，卵形或卵状椭圆形。花单生于假鳞茎顶端，萼片和花瓣淡粉红色，中萼片卵形，侧萼片斜卵状披针形，花瓣卵状披针形，唇瓣近白色，边缘波状；唇盘具2条纵向的龙骨脊，其末端终止于前唇的基部并且增粗呈乳头状。花期4~5月。

生境及分布

多生长在海拔400~2400 m的沟谷岩石上或山地林中树干上。分布于安徽、浙江、江西等省。

延伸知识

本种味微苦，性寒。有祛风湿、镇痛等功效。可用于跌打损伤、腰肌劳损、骨折等症状。茎可清热解毒，皖南石台、休宁等地将其用以治疗痈疽疔疖和毒蛇咬伤。

31. 半柱毛兰

别名 黄绒兰、干氏毛兰

属 毛兰属

学名 *Eria corneri* Rchb.F.

保护级别 CITES II

形态特征

附生兰，草本。假鳞茎密集，卵状长圆形，长 2~5 cm，粗 1~2.5 cm，顶端具 2~3 枚叶。叶椭圆状披针形，长 15~45 cm，宽 1.5~6 cm。总状花序具 10 余朵花；花白色或略带黄色；中萼片卵状三角形，长约 10 mm，宽约 2 mm，先端渐尖；侧萼片镰状三角形，长近 10 mm，宽约 5 mm，先端圆钝并具小尖头，基部与蕊柱足形成萼囊；花瓣线状披针形，宽仅 1.2 mm；唇瓣轮廓为卵形，3 裂，长近 10 mm，宽 6 mm，有淡紫色斑；侧裂片半圆形，先端圆，近直立；中裂片卵状三角形，长 3~3.5 mm，宽约 2 mm。花期 8~9 月。

生境及分布

生于海拔 500~1500 m 的林中树上或林下岩石上。分布于福建、台湾、海南、广东、香港、广西、贵州、云南。

延伸知识

本种的唇瓣 3 裂，唇盘上面具 3 条波状褶片；中裂片上密集分布着浅紫色的流苏状褶片，有"万绿丛中一点红"之态；此外，它的蕊柱半圆柱形，因此得名"半柱毛兰"。

32. 钳唇兰

别名 小唇兰

属 钳唇兰属

学名 *Erythrodes blumei* (Lindl.)Schltr.

保护级别 CITES II

形态特征

地生兰，草本。植株高18~60 cm。根状茎伸长，匍匐，具节，节上生根。茎直立，圆柱形。叶片卵形、椭圆形或卵状披针形，长 4.5~10 cm，宽2~6 cm，具 3 条明显的主脉。总状花序顶生，具多数密生的花；花较小，萼片带红褐色，中萼片直立，凹陷，长椭圆形；侧萼片张开，偏斜的椭圆形；花瓣倒披针形，先端钝，与萼片同色，中央具 1 枚透明的脉，与中萼片黏合呈兜状；唇瓣基部具距，前部 3 裂，侧裂片直立而小，中裂反折，宽卵形，白色；距下垂，近圆筒状，长1.5~4 mm；蕊柱粗短，直立，长 1.5~3 mm。花期 4~5 月。

生境及分布

生于海拔 400~1500 m 的山坡或沟谷常绿阔叶林下阴处。分布于台湾、广东、广西、云南。

33. 美冠兰

属	美冠兰属
学名	*Eulophia graminea* Lindl.
保护级别	CITES II

形态特征

地生兰，草本。假鳞茎卵球形、圆锥形或近球形，长 3~7 cm，直径 2~4 cm，上部露出地面；有时多个假鳞茎聚生成簇团。叶 3~5 枚，在花后生，线状披针形，长 13~35 cm，宽 0.7~1 cm。总状花序直立，常有 1~2 个侧分枝，疏生多数花；花橄榄绿色，唇瓣白色而具淡紫红色褶片；萼片倒披针状线形，长 1.1~1.3 cm，宽 1.5~2 mm；花瓣近狭卵形，长 9~10 mm，宽 2.5~3 mm；唇瓣近倒卵形，长 9~10 mm，3 裂；侧裂片较小；中裂片近圆形；唇盘上有 3~5 条纵褶片，褶片分裂成流苏状；蕊柱长 4~5 mm。花期 4~5 月。

生境及分布

生于疏林中草地上、山坡阳处。分布于安徽、台湾、广东、香港、海南、广西、贵州、云南。

延伸知识

美冠兰属名 Eulophia [（希腊语）eu 佳美 + lophos 鸡冠]，指唇瓣龙骨状突起。美冠兰没有迷人的花色和芬芳，在贫瘠土壤中随意生长，以杂草为邻。其也正因朴素无华的外表免于被挖，从而能安全地生长。

34. 无叶美冠兰

属	美冠兰属
学名	*Eulophia zollingeri* (Rchb.F.) J.J.Smith
保护级别	CITES II

形态特征

腐生兰，草本，无绿叶。地下假鳞茎块状，近长圆形，长 3~8 cm，直径 1.5~2 cm。花葶粗壮，褐红色，高 40~80 cm；总状花序疏生数朵至 10 余朵花；花褐黄色；中萼片椭圆状长圆形，长 1.5~1.8 mm，宽 4~7 mm，先端渐尖；侧萼片近长圆形，明显长于中萼片，稍斜歪；花瓣倒卵形，长 1.1~1.4 cm，宽 5~7 mm，先端具短尖；唇瓣近倒卵形，长 1.4~1.5 cm，3 裂；侧裂片近卵形；中裂片卵形，长 4~5 mm，宽 3~4 mm；唇盘中央有 2 条近半圆形的褶片；基部的圆锥形囊长约 2 mm；蕊柱长约 5 mm。花期 4~6 月。

生境及分布

生于海拔 400~500 m 的疏林下、竹林或草坡上。分布于江西、福建、台湾、广东、广西、云南。

延伸知识

无叶美冠兰属于食源性欺骗传粉机制。其在中午强烈阳光直射下能挥发出香甜气味，部分膜翅目昆虫会利用花朵气味来准确定位。唇瓣具大面积明亮的黄色蜜导，吸引传粉昆虫前来，但其本身却无蜜或脂类物质分泌，从而使传粉昆虫在传粉过程中未有收获。

35. 多叶斑叶兰

别名 厚唇斑叶兰、高岭斑叶兰

属 斑叶兰属

学名 *Goodyera foliosa* (Lindl.) Benth.ex C.B.Clarke

保护级别 CITES II

形态特征

地生兰，草本。植株高 15~25 cm。根状茎匍匐，具节。茎直立，长 9~17 cm，具 4~6 枚叶。叶片卵形至长圆形，偏斜，长 2.5~7 cm，宽 1.6~2.5 cm；总状花序具密生；花白绿色或近白色；萼片狭卵形，凹陷，长 5~8 mm，宽 3.5~4 mm；花瓣斜菱形，长 5~8 mm，宽 3.5~4 mm，先端钝；唇瓣长 6~8 mm，宽 3.5~4.5 mm，基部凹陷呈囊状并被毛；蕊柱长 3 mm。花期 7~9 月。

生境及分布

生于海拔 300~1500 m 的林下或沟谷阴湿处。分布于福建、台湾、广东、广西、四川、云南、西藏。

延伸知识

本种系广布种，花序梗的长短、花的颜色和大小因生境不同差异较大。整体来说，花序上花朵都是面向光亮的一侧着生，花朵不太张开，颜色以白色为主，也有的颜色较深，带明显红褐色。

36. 高斑叶兰

别名 穗花斑叶兰、高宝兰

属 斑叶兰属

学名 *Goodyera procera* (Ker-Gawl.)Hook.

保护级别 CITES II

形态特征

地生兰，草本。植株高 22~80 cm。根状茎短而粗，具节。茎直立，无毛，具 6~8 枚叶。叶片长圆形或狭椭圆形，长 7~15 cm，宽 2~5.5 cm。总状花序具多数密生的小花，似穗状，长 10~15 cm；花小、白色带淡绿，芳香；萼片卵形，有绿色晕，唇瓣有褐色斑；花瓣匙形，白色，长 3~3.5 mm，宽 1~1.2 mm，与中萼片靠合成盔；唇瓣卵形，长 2.2~2.5 mm，宽 1.5~1.7 mm，前端反卷；蕊柱短而宽，长 2 mm。花期 4~5 月。

生境及分布

生于海拔 250~1550 m 的林下。分布于安徽、浙江、福建、台湾、广东、香港、海南、广西、四川、贵州、云南、西藏。

延伸知识

清代吴其濬所著《植物名实图考》共载录植物 1714 种。其中，所载录的"石凤丹"来源于兰科植物的高斑叶兰的干燥全草，其味苦，气味腥、性辛、温，具祛风除湿、润肺止咳、止血的功效。

37. 绒叶斑叶兰

别名 白肋斑叶兰、鸟嘴莲

属 斑叶兰属

学名 *Goodyera velutina* Maxim.

保护级别 CITES II

形态特征

地生兰，草本。植株高 8~16 cm。根状茎伸长、茎状、匍匐，具节。茎直立，暗红褐色，具 3~5 枚叶。叶片卵形至椭圆形，先端急尖，基部圆形，上面深绿色或暗紫绿色，背面紫红色，具柄。总状花序具 6~15 朵偏向一侧的花；花中等大；萼片微张开，背面被柔毛，淡红褐色或白色，凹陷；花瓣斜长圆状菱形，无毛，长 7~12 mm，宽 3.5~4.5 mm，先端钝，基部渐狭，上半部具 1 个红褐斑，具 1 脉。花期 9~10 月。

生境及分布

生于海拔 700~3000 m 的林下阴湿处。分布于中国浙江、福建、台湾、湖北、湖南、广东、海南、广西、四川、云南东北部。日本也有分布。

延伸知识

全草入药，有清热解毒、活血止痛的功效。

38. 绿花斑叶兰

别名 开宝兰、鸟喙斑叶兰

属 斑叶兰属

学名 *Goodyera viridiflora* (Bl.) Bl.

保护级别 CITES II

形态特征

地生兰，草本。植株高 13~20 cm。根状茎伸长，茎状，匍匐，具节。茎直立，绿色，具 2~5 枚叶。叶片偏斜的卵形、卵状披针形或椭圆形，绿色，甚薄。花茎长 7~10 cm，带红褐色，被短柔毛；总状花序具 2~3 朵花；花较大，绿色，张开，无毛；花瓣偏斜的菱形，白色，先端带褐色，长 1.25~1.5 cm，宽 4.5~6.5 mm，先端急尖，基部渐狭，具 1 脉，无毛；唇瓣卵形，舟状，较薄。花期 8~9 月。

生境及分布

生于海拔 300~2600 m 的林下、沟边阴湿处。分布于中国江西、福建、台湾、广东、海南、香港、云南。尼泊尔、不丹、印度、泰国、马来西亚、菲律宾、印度尼西亚、澳大利亚也有分布。

39. 细裂玉凤花

别名	细裂玉凤兰
属	玉凤花属
学名	*Habenaria leptoloba* Benth.
保护级别	CITES II

形态特征

　　地生兰，草本。植株高 15~31 cm。茎较细长，直立，圆柱形，具 5~6 枚叶。叶片披针形，长 6~15 cm，宽 1~1.8 cm。总状花序具 8~12 朵花；花小，淡黄绿色；萼片淡绿色，中萼片宽卵形，凹陷呈舟状，长 3 mm，宽 2.8 mm；侧萼片斜卵状披针形，长 4.5 mm，宽 2 mm，张开或向后反曲；花瓣带白绿色，直立，斜卵形，凹陷，长 3.8 mm，宽 2 mm；唇瓣黄色，较长，基部 3 深裂，裂片线形；距细圆筒状，下垂或弯曲，长 0.8~1 cm。花期 7~9 月。

生境及分布

　　生于山坡林下阴湿处或草地，海拔约 200 m。分布于广东、香港。模式标本采自香港。

延伸知识

　　此种第一次采集于香港，时间为 1857 年，后来在香港仍陆续有发现，但时隔 150 年后才在广东首次发现。2007 年 9 月，深圳市兰科植物保护研究中心陈利君等在广东省惠州市新圩镇白云嶂进行植物学考察时，在一个斜坡上的一片次生阔叶林的潮湿林缘发现了细裂玉凤花。

40. 橙黄玉凤花

别名 红人兰、红唇玉凤花

属 玉凤花属

学名 *Habenaria rhodocheila* Hance

保护级别 CITES II

形态特征

地生兰，草本。植株高 8~35 cm。块茎长圆形，长 2~3 cm，直径 1~2 cm。茎直立，下部具 4~6 枚叶，上具 1~3 枚苞片状小叶。叶片线状披针形至近长圆形，长 10~15 cm，宽 1.5~2 cm。总状花序具花 2~10 余朵；萼片和花瓣绿色，唇瓣橙黄色；中萼片直立，近圆形，凹陷，长约 9 mm，宽约 8 mm，与花瓣靠合呈兜状；侧萼片长圆形，长 9~10 mm，宽约 5 mm，反折；花瓣直立，匙状线形，长约 8 mm，宽约 2 mm；唇瓣卵形，4 裂，长 1.8~2 cm，最宽处约 1.5 cm，侧裂片长圆形，长约 7 mm，宽约 5 mm，先端钝，开展；中裂片 2 裂，裂片近半卵形，长约 4 mm，宽约 3 mm，先端为斜截形；距细圆筒状，下垂。花期 7~8 月。

生境及分布

生于海拔 300~1500 m 的山坡或沟谷林下阴处地上或岩石上覆土中。分布于江西、福建、湖南、广东、香港、海南、广西、贵州。模式标本采自广东。

延伸知识

橙黄玉凤花的花朵颜色为鲜艳的橙色，唇瓣 4 裂，酷似飞机的一对前翼和一对尾翼，花距修长，下垂。当一丛橙黄玉凤花同时开放时，仿佛是一架架加足马力准备冲上云霄的战斗机。

41. 白肋翻唇兰

别名	白肋角唇兰、白点伴兰
属	翻唇兰属
学名	*Hetaeria cristata* Bl.
保护级别	CITES II

形态特征

地生兰，草本。高 10~25 cm。根状茎匍匐，具节，茎暗红褐色。叶片偏斜的卵形或卵状披针形，长 3~9 cm，宽 1.5~4 cm，沿中肋具 1 条白色条纹或白色条纹不显著。总状花序具 3~15 朵疏生的花；花小，红褐色，半张开；萼片背面被毛，红褐色，具 1 脉，中萼片宽卵形，先端急尖，与花瓣黏合呈兜状；侧萼片偏斜的卵形，先端急尖；花瓣偏斜，卵形，白色，极不等侧，先端急尖，具 1 脉；唇瓣位于上方，兜状卵形，呈舟状，长 3.5 mm，基部浅囊状，内面具 2 枚角状的胼胝体，唇盘上具一群纵向不规则散布的细肉突或具 2 条纵向脊状隆起，侧裂片直立，半圆形，中裂片卵形，凹陷，先端钝。花期 9~10 月。

生境及分布

生于山坡林下。分布于广东、广西、香港、台湾。

延伸知识

本种的中脉有一条明显的白色条纹。无独有偶，另外一种兰科植物——白肋斑叶兰（绒叶斑叶兰）的中脉同样是一条白色条纹，若非花期，二者容易被混淆。

42. 全唇盂兰

别名　全唇皿柱兰、紫皿柱兰

属　盂兰属

学名　*Lecanorchis nigricans* Honda

保护级别　CITES II

形态特征

腐生兰，草本。植株高 25~40 cm。茎直立，常分枝，无绿叶。总状花序顶生，具数朵花；花淡紫色；花被下方的浅杯状物（副萼）很小；萼片狭倒披针形，长 1~1.6 cm，宽 1.5~2.5 mm；侧萼片略斜歪；花瓣倒披针状线形；唇瓣亦为狭倒披针形，不与蕊柱合生，不分裂，与萼片近等长，上面多少具毛；蕊柱细长，白色，长 6~10 mm。花期不定，主要见于夏、秋季。

生境及分布

生于林下阴湿处。分布于福建、广东、台湾。模式标本采自日本。

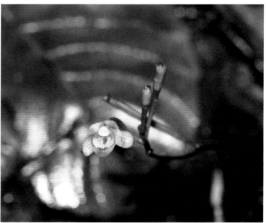

延伸知识

全唇盂兰的种加词 nigricans 是拉丁语"在变黑"的意思。本种为腐生兰，无叶绿素，不进行光合作用，是从死亡的有机体上吸取营养物质维持生存的非绿色植物。因为植株无绿叶，而且花小为淡紫色，生长在常绿阔叶林下，茎暗褐色，像一株枯萎了的植物，一般人很难注意到它。

43. 镰翅羊耳蒜

别名	不丹羊耳兰、一叶羊耳蒜
属	羊耳蒜属
学名	*Liparis bootanensis* Griff.
保护级别	CITES II

形态特征

  附生兰，草本。植株高 10~25 cm。假鳞茎密集，卵状长圆形，长 8~30 mm，直径 4~8 mm，顶生 1 叶。叶狭长圆状倒披针形，纸质，长 5~22 cm，宽 5~33 mm。总状花序外弯，长 5~12 cm，具数朵至 20 余朵花；花通常黄绿色，有时稍带褐色，较少近白色；萼片近矩圆形，长 3.5~6 mm，宽 1.3~1.8 mm；花瓣狭线形，长 3.5~6 mm，宽 0.4~0.7 mm；唇瓣近宽长圆状倒卵形，长 3~6 mm，上部宽 2.5~5.5 mm，前缘有不规则细齿；合蕊柱长约 3 mm。花期 8~10 月。

生境及分布

  生于林缘、林中、山谷阴处的树上或岩壁上，海拔 150~800 m，在云南可达 3100 m。分布于江西、福建、台湾、广东、海南、广西、四川、贵州、云南、西藏。

延伸知识

  本种的合蕊柱顶端两侧具有镰状翅，因此得名"镰翅羊耳蒜"。整个开花的过程就是花朵色彩的渐变过程，由初开的暗绿色，到盛期的黄绿色，以及到凋零前的橘红色，同株花序轴上有不同阶段的色彩变化。

44. 褐花羊耳蒜

属	羊耳蒜属
学名	*Liparis brunnea* Ormer.
保护级别	CITES II

形态特征

　　附生兰，草本。假鳞茎簇生，椭圆形到近方形，侧扁，长 5~7 mm，宽 3~5 mm，先端截形，被 3 个鞘包围。叶 1 或 2 枚，卵状椭圆形到近圆形，长 10~17.5 mm，宽 7~11 mm，基部收缩成鞘，不具节，先端近锐尖。花序长 15~65 mm，花梗长 15~39 mm；疏生 1~5 花；花苞片卵状披针形，长达 0.8 mm，先端锐尖；花褐色，背萼片反折，线形，长约 8.3 mm，宽约 0.7 mm，先端渐尖；侧生萼片线形，长约 7 mm，宽 1 mm，1 脉，先端钝。花瓣反折，线状丝状，约长 7 mm，宽 0.5 mm；唇瓣较宽大，长约 8.5 mm，宽约 7 mm，基部收缩，先端微缺。蕊柱呈弧形，约 4 mm，细长，基部膨大，先端狭翅。蒴果。花期 4~5 月。

生境及分布

　　生于林下或林间草地。分布于广东、广西。

45. 广东羊耳蒜

属	羊耳蒜属
学名	*Liparis kwangtungensis* Schltr.
保护级别	CITES II

形态特征

附生兰，草本。植株约 6 cm，较矮小。假鳞茎近卵形，长 5~7 mm，直径 3~5 mm，顶端具 1 叶。叶近椭圆形，纸质，长 2~5 cm，宽 7~11 mm。总状花序，具数朵花；花黄绿色，很小；萼片宽线形，长 4~4.5 mm，宽 1~1.2 mm，先端钝；花瓣狭线形，长 3.5~4 mm，宽约 0.5 mm；唇瓣倒卵状长圆形，长 4~4.5 mm，上部宽约 2 mm；蕊柱长 2.5~3 mm，稍向前弯曲，上部具翅；翅近披针状三角形，宽约 0.7 mm，多少下弯而略呈钩状。花期 10 月。

生境及分布

生于林下或溪谷旁岩石上。分布于福建西部（连城）和广东南部至东部（罗浮山、梅县等）。模式标本采自广东罗浮山。

延伸知识

《中国植物志》出版时间较早，同一物种的分布地记录存在很多遗漏。除了已经记载的福建、广东，研究人员陆续在四川、云南、贵州、湖南、广西等地发现该种的野外群落。

46. 见血青

别名 显脉羊耳蒜、红花羊耳蒜

属 羊耳蒜属

学名 *Liparis nervosa* (Thunb. ex A. Murray) Lindl.

保护级别 CITES II

形态特征

地生兰，草本。茎圆柱状，肉质，有数节，长 2~10 cm。叶 2~5 枚，卵形至卵状椭圆形，长 5~16 cm，宽 3~8 cm。花葶发自茎顶端，长 10~25 cm；总状花序通常具数朵至 10 余朵花；花紫色；中萼片线形或宽线形，长 8~10 mm，宽 1.5~2 mm，先端钝，边缘外卷；侧萼片狭卵状长圆形，稍斜歪，长 6~7 mm，宽 3~3.5 mm；花瓣丝状，长 7~8 mm，宽约 0.5 mm，亦具 3 脉；唇瓣长圆状倒卵形，长约 6 mm，宽 4.5~5 mm，先端截形并微凹，基部具 2 个胼胝体；蕊柱较粗壮，长 4~5 mm，上部两侧有狭翅。花期 2~7 月。

生境及分布

生于林下、溪谷旁、草丛阴处或岩石覆土上。分布于浙江、江西、福建、台湾、湖南、广东、广西、四川、贵州、云南、西藏。

延伸知识

见血青这个名字的由来，有几种说法。第一种是，民间认为在新鲜的动物血里放几滴该种植物的汁液，搅拌后立刻变得澄清透明，像一盆清水，所以有"见血清"的美名，而"清"谐音是"青"。第二种是药典上如此解释："此药凉血、解血毒，另可清除体内淤血。"第三种是"青"有深绿色的意思，跟植株的颜色大体一致。

47. 巨花羊耳蒜

别名	紫花羊耳蒜
属	羊耳蒜属
学名	*Liparis gigantea* C. L. Tso
保护级别	CITES II

形态特征

地生兰，高大草本。茎（或假鳞茎）圆柱状，肥厚，肉质，有数节，长 8~20 cm，被薄膜质鞘。叶 3~6 枚，椭圆形、卵状椭圆形或卵状长圆形，膜质或草质，常稍斜歪，长 9~17 cm，宽 3.5~9 cm。花葶生于茎顶端；总状花序，具数朵至 20 余朵花；花深紫红色，较大；中萼片线状披针形，先端钝，具 3 脉；侧萼片卵状披针形，先端钝，具 5 脉；花瓣线形，具 1 脉；唇瓣倒卵状椭圆形，先端截形或有时有短尖；蕊柱长 6~8 mm，两侧有狭翅。蒴果倒卵状长圆形，长约 2.8 cm。花期 2~5 月，果期 11 月。

生境及分布

生于常绿阔叶林下、阴湿的岩石覆土上或地上，海拔 500~1700 m。分布于中国台湾、广东、海南、福建、广西、贵州、云南和西藏。泰国和越南也有分布。

48. 长茎羊耳蒜

属	羊耳蒜属
学名	*Liparis viridiflora* (Blume) Lindl.
保护级别	CITES II

形态特征

附生兰，草本。植株高 15~35 cm。假鳞茎稍密集，圆柱形，长 3~18 cm，直径 3~12 mm，顶端具 2 叶。叶线状倒披针形，纸质，长 8~25 cm，宽 1.2~3 cm。总状花序具数十朵小花；花绿白色或淡黄绿色，较密集；中萼片近椭圆状长圆形，长 2~3 mm，宽 0.8~1 mm，先端钝，边缘外卷；侧萼片卵状椭圆形；花瓣狭线形，长 2~3 mm，宽约 0.3 mm；唇瓣近卵状长圆形，长 2~3 mm，宽约 1.7 mm，先端近急尖，边缘略呈波状；蕊柱长 1.5~2 mm。花期 9~12 月。

生境及分布

生于林中、山谷阴处的树上或岩石上，海拔 200~2300 m。分布于台湾、广东、海南、广西、四川、云南、西藏。

延伸知识

兰科植物是非常典型的菌根植物，自然条件下其种子的成功萌发和早期的生长阶段都依赖独特的菌根共生关系。有研究学者用分子手段，采集了来自云南、广西 3 个不同产地的长茎羊耳蒜样本。研究结果显示，不同产地的长茎羊耳蒜因栖息地差异，还具有各自独特的菌根真菌区系组成的特异性和多样性。这些菌根真菌的分子鉴定将为该物种的保育和快速繁殖工作提供重要的理论依据。

49. 血叶兰

别名 异色血叶兰、石上藕

属 血叶兰属

学名 *Ludisia discolor* (Ker Gawl.) A. Rich.

保护级别 CITES II（国家二级）

形态特征

地生兰，草本。高 10~25 cm。根状茎匍匐，具节。叶片卵形或卵状长圆形，肉质，长 3~7 cm，宽 1.7~3 cm，先端急尖或短尖，上面黑绿色，具 5 条金红色有光泽的脉，背面淡红色。总状花序顶生，具几朵至 10 余朵花；花白色或带淡红色；中萼片卵状椭圆形，凹陷呈舟状，与花瓣黏合呈兜状；侧萼片偏斜的卵形，背面前端有很短的龙骨状突起；花瓣近半卵形，长 8~9 mm，宽 2~2.2 mm，先端钝；唇瓣长 9~10 mm，下部与蕊柱的下半部合生成管，基部具囊；蕊柱长约 5 mm。花期 2~4 月。

生境及分布

生于海拔 900~1300 m 的山坡或沟谷常绿阔叶林下阴湿处。分布于广东、香港、海南、广西和云南。

延伸知识

血叶兰根茎匍匐，茎节明显，肉质而肥厚，呈莲藕状，故又名石上藕。常有人将血叶兰和金线莲混淆，实则二者在叶表型特征上有明显的区别。

50. 毛唇芋兰

别名 **青天葵、福氏芋兰**

属 **芋兰属**

学名 *Nervilia fordii* (Hance) Schltr.

保护级别 CITES II

形态特征

地生兰，草本。块茎圆球形。叶 1 枚，在花凋谢后长出，淡绿色，质地较薄，干后带黄色，心状卵形，长 5 cm，宽约 6 cm，先端急尖，基部心形，边缘波状，具约 20 条在叶两面隆起的粗脉，两面脉上和脉间均无毛；叶柄长约 7 cm。花葶高 15~30 cm，下部具 3~6 枚筒状鞘；总状花序具 3~5 朵花；花苞片线形，反折，较子房和花梗长；子房椭圆形，长 5 mm，棱上具狭翅，具 4~5 mm 长的花梗；花梗细，常多少下弯；花半张开；萼片和花瓣淡绿色，具紫色脉，近等大，长 10~17 mm，宽 2~2.5 mm，线状长圆形，先端钝或急尖；唇瓣白色，具紫色脉，倒卵形，长 8~13 mm，宽 6.5~7 mm，凹陷，内面密生长柔毛，顶部的毛尤密集成丛，基部楔形，前部 3 裂；侧裂片三角形，先端急尖，直立，围抱蕊柱；中裂片横椭圆形，先端钝；蕊柱长 6~8 mm。花期 5 月。

生境及分布

生于海拔 220~1000 m 的山坡或沟谷林下阴湿处。分布于广东、香港、广西和四川中部至西部。

延伸知识

芋兰属 *Nervilia* [（拉丁语）nervus 脉]，指叶脉显著。毛唇芋兰全株只有一枚心形叶片，紧贴地面铺开。块茎民间药用，主要含天冬氨酸、亮氨酸等 15 种游离氨基酸化学成分，有补肺止咳、收敛止痛的效用。

51. 小沼兰

属	**小沼兰属**
学名	*Oberonioides microtatantha* (Schltr.) Szlach.
保护级别	CITES II

形态特征

地生兰，小草本。假鳞茎小，卵形，长 3~8 mm，直径 2~7 mm，外被白色的薄膜质鞘。叶 1 枚，卵形至宽卵形，长 1~2 cm，宽 5~13 mm；总状花序长 1~2 cm，通常具 10~20 朵花；花小，黄色；中萼片宽卵形至近长圆形，长 1~1.2 mm，宽约 0.7 mm；侧萼片三角状卵形，大小与中萼片相似；花瓣线状披针形，长约 0.8 mm，宽约 0.3 mm；唇瓣位于下方，近披针状三角形或舌状，长约 0.7 mm，中部宽约 0.6 mm，先端近渐尖；蕊柱粗短，长约 0.3 mm。花期 2~4 月。

生境及分布

生于林下或阴湿处的岩石上，海拔 200~600 m。分布于江西、福建、广东、台湾。模式标本采自福建龙岩永福。

延伸知识

植株矮小，花朵更小，即使用微距镜头，都很难对焦并将花朵结构拍清晰，属于迷你型的地生兰。小沼兰多生在阴湿的岩石上，与苔藓共生。

52. 紫纹兜兰

别名 香港兜兰、香港拖鞋兰

属 兜兰属

学名 *Paphiopedilum purpuratum* (Lindl.) Stein

保护级别 CITES I（国家一级）

形态特征

地生兰，草本。叶基生，上面具暗绿色与浅黄绿色相间的网格斑。花瓣紫红色或浅栗色而有深色纵脉纹、绿白色晕和黑色疣点；唇瓣紫褐色。花期 10 月至翌年 1 月。

生境及分布

生于溪谷旁苔藓砾石丛生之地或岩石上。分布于广东、香港、广西、云南。

延伸知识

紫纹兜兰有着众所周知的欺骗性传粉策略。它们靠颜色或味道把昆虫吸引过来授粉，但却不产生花蜜。当昆虫不小心进入拖鞋状的唇瓣后，唇瓣内壁光滑无法停驻，身上沾满花粉，只能顺着唇瓣后方的蕊柱那条狭窄的通道口出去，以达到授粉的目的。

53. 黄花鹤顶兰

别名	斑叶鹤顶兰、黄鹤兰
属	鹤顶兰属
学名	*Phaius flavus* (Blume) Lindl.
保护级别	CITES II

形态特征

地生兰，草本。假鳞茎卵状圆锥形，长 5~6 cm，粗 2.5~4 cm，被鞘。叶 4~6 枚，通常具黄色斑块，长椭圆形，长 25 cm 以上，宽 5~10 cm，两面无毛。总状花序具数朵至 20 朵花；花柠檬黄色，干后变靛蓝色；中萼片长圆状倒卵形，长 3~4 cm，宽 8~12 mm；侧萼片斜长圆形，与中萼片等长，但稍狭；花瓣长圆状倒披针形，约等长于萼片；唇瓣倒卵形，长 2.5 cm，宽约 2.2 cm，前端 3 裂；侧裂片近倒卵形，围抱蕊柱，先端圆形；中裂片近圆形，稍反卷，宽约 1.2 cm，前端边缘褐色并具波状皱褶；唇盘具 3~4 条隆起的褐色脊突；距白色，长 7~8 mm；蕊柱纤细，长约 2 cm。花期 4~10 月。

生境及分布

生于海拔 300~2500 m 的山坡林下阴湿处。分布于福建、台湾、湖南、广东、广西、香港、海南、贵州、四川、云南、西藏。

延伸知识

叶子新鲜的时候，叶面具有不规则分散的黄色斑块，乍看以为是病变，其实是健康叶片，因此，黄花鹤顶兰别名亦叫"斑叶鹤顶兰"，叶片干燥后还会变成靛蓝色。

54. 鹤顶兰

别名	红鹤顶兰
属	鹤顶兰属
学名	*Phaius tancarvilleae* (L' Heritier) Blume
保护级别	CITES II

形态特征

地生兰，草本。植株高 1~2 m。假鳞茎圆锥形，长 4~8 cm，被鞘。叶 2~6 枚，长圆状披针形，长达 70 cm，宽达 10 cm；总状花序具 10~20 朵花；花大、美丽，背面白色，内面暗赭色或棕色；萼片近相似，长圆状披针形，长 4~6 cm，宽 1 cm；花瓣长圆形，与萼片等长而稍狭；唇瓣贴生于蕊柱基部，背面白色带茄紫色的前端，内面茄紫色带白色条纹，宽 3~5 cm，中部以上浅 3 裂；侧裂片短而圆，围抱蕊柱而使唇瓣呈喇叭状；中裂片近横长圆形，边缘稍波状；唇盘具 2 条褶片；距细圆柱形，长约 1 cm，钩状弯曲；蕊柱长约 2 cm。花期 3~6 月。

生境及分布

生于海拔 100~1800 m 的林缘、沟谷或溪边阴湿处。分布于台湾、福建、广东、香港、海南、广西、云南、西藏。

延伸知识

关于鹤顶兰，明代《群芳谱》中有这样的记载："鹤兰，叶大如掌，花似豆落，无香。"指花形似鹤，花开时，筒状唇瓣与 5 个花被片组合，宛如仙鹤展翅飞翔，有道是"双舞庭中花落处，数声池上月明时。"

清代屈大均的《广东新语·草语·兰》有记载："有鹤顶兰、凤兰、龙兰，皆以花形似名，然不香。鹤顶兰花大，面青绿，背白，蕊红紫，卷成筒形，微似鹤顶，一茎直上，作二十余花，叶甚大。"

55. 石仙桃

别名	石橄榄

属 石仙桃属

学名 *Pholidota chinensis* Lindl.

保护级别 CITES II（广东省重点）

形态特征

　　附生兰，草本。根状茎粗壮，匍匐。假鳞茎狭卵状长圆形，肉质，大小变化较大，顶生 2 枚叶。叶倒卵状椭圆形，长 5~22 cm，宽 2~6 cm。总状花序下垂；花白色或淡黄色，中萼片椭圆形，长 0.7~1 cm，宽 4.5~6 mm，侧萼片卵状披针形；花瓣披针形，长 0.9~1 cm，宽 1.5~2 mm；唇瓣宽卵形，3 裂，下半部凹陷成半球形的囊，蕊柱长 4~5 mm。花期 3~5 月。

生境及分布

　　生于林缘树上、岩壁上或岩石上。分布于云南、贵州、广西、广东、香港、福建。

延伸知识

　　石仙桃的英文名叫 Rattlesnake Orchid（响尾蛇兰花），意思是指花期时，它的白色花序刚抽出来，外形酷似响尾蛇的尾巴。假鳞茎似橄榄，多附生于岩石上，故别名"石橄榄"。

56. 小舌唇兰

别名	小长距兰、卵唇粉蝶兰
属	舌唇兰属
学名	*Platanthera minor* (Miq.) Rchb. F.
保护级别	CITES II

形态特征

地生兰，草本。高 20~60 cm。块茎椭圆形，肉质。茎粗壮，直立。叶互生，最下面的 1 枚最大，叶片椭圆形、卵状椭圆形或长圆状披针形，长 6~15 cm，宽 1.5~5 cm。总状花序具多数疏生的花；花黄绿色，萼片具 3 脉；中萼片直立，宽卵形，凹陷呈舟状；侧萼片反折，稍斜椭圆形，先端钝；花瓣直立，斜卵形，与中萼片靠合呈兜状；唇瓣舌状，肉质，下垂，长 5~7 mm，宽 2~2.5 mm，先端钝；距细圆筒状，下垂，稍向前弧曲，长 12~18 mm；蕊柱短。花期 5~7 月。

生境及分布

生于海拔 250~2700 m 的山坡林下或草地。分布于江苏、安徽、浙江、江西、福建、台湾、河南、湖北、湖南、广东、香港、海南、广西、四川、贵州、云南。

延伸知识

舌唇兰和小舌唇兰二者容易被混淆，其中一个区别要点是距的长度：舌唇兰的距长达 3~6 cm，而小舌唇兰的距较短，长 12~18 mm。

57. 独蒜兰

别名	一叶兰
属	独蒜兰属
学名	*Pleione bulbocodioides* (Franch.) Rolfe
保护级别	CITES II（国家二级）

形态特征

半附生兰，草本。假鳞茎卵形，顶端具 1 枚叶，叶狭椭圆状披针形，长 1~2.5 cm，宽 1~1.5 cm。花葶从无叶的老假鳞茎基部发出，顶端具 1~2 花；花粉红色至淡紫色；萼片与花瓣倒披针形，长 3.5~5 cm；唇瓣上有深色斑，宽倒卵形，长 3.5~4.5 cm，宽 3~4 cm，不明显 3 裂，上部边缘撕裂状；唇盘通常具有 4~5 条褶片，蕊柱 3~4 cm。花期 4~6 月。

生境及分布

生于常绿阔叶林下、灌木林缘腐殖质丰富的土壤上或苔藓覆盖的岩石上。分布于安徽、湖北、湖南、广西、广东、贵州、云南、西藏。

延伸知识

独蒜兰的唇瓣上着生 4~5 条金色条带样的褶片（假蜜导）及深色斑，这些斑块向传粉昆虫传递着一种视觉信号，吸引它们前来访花授粉，但并无花蜜回馈给昆虫，属于食源性欺骗方式。

58. 台湾独蒜兰

属	**独蒜兰属**
学名	*Pleione formosana* Hayata
保护级别	CITES II（国家二级）

形态特征

半附生兰，草本。假鳞茎压扁成卵形或卵球形，上端渐狭成明显的颈，绿色或暗紫色，顶端具 1 枚叶。叶在花期尚幼嫩，长成后呈椭圆形或倒披针形，纸质，长 10~30 cm，宽 3~7 cm。花莛从无叶的老假鳞茎基部发出，直立，顶端通常具 1 花，偶见 2 花；花白色至粉红色，唇瓣色泽常略浅于花瓣，上面具有黄色、红色或褐色斑，有时略芳香；中萼片狭椭圆状倒披针形，先端急尖；侧萼片狭椭圆状倒披针形，多少偏斜，先端急尖或近急尖；花瓣线状倒披针形，稍长于中萼片，先端近急尖；唇瓣宽卵状椭圆形，长 4~5.5 cm，宽 3~4.6 cm，不明显 3 裂，先端微缺，上部边缘撕裂状，上面具 2~5 条褶片，中央 1 条褶片短或不存在；褶片常有间断，全缘或啮蚀状；蕊柱长 2.8~4.2 cm，顶部多少膨大并具齿。蒴果纺锤状。花期 3~4 月。

生境及分布

生于林下、林缘腐殖质丰富的土壤或岩石上，海拔 600~1500 m（大陆）或 1500~2500 m（台湾）。分布于台湾、福建、浙江、江西。模式标本采自台湾。

延伸知识

独蒜兰和台湾独蒜兰二者之间的区别主要表现如下：独蒜兰唇瓣上的褶片不间断，唇瓣较小，不足 5 mm 长；台湾独蒜兰唇瓣褶片常间断，唇瓣较大，长度超过 5 cm。

59. 苞舌兰

别名 黄花苞舌兰

属 苞舌兰属

学名 *Spathoglottis pubescens* Lindl.

保护级别 CITES II

形态特征

　　地生兰，草本。假鳞茎扁球形，具 1~3 叶。叶片狭披针形，通常长 20~30 cm，宽 1~4.5 cm。花葶纤细，高达 50 cm，被短柔毛；总状花序顶生，疏生 2~8 花；花黄色；萼片椭圆形，长 1.2~1.8 cm，宽 0.5~0.7 cm；花瓣矩圆形，与萼片等长，宽 0.9~1.1 cm；唇瓣 3 裂，侧裂片镰状矩圆形，直立，中裂片倒卵状楔形，先端近截形并有凹缺；唇盘上具 3 条纵向龙骨脊，其中央 1 条隆起而成肉质的褶片；蕊柱长 8~10 mm。花期 7~10 月。

生境及分布

　　生于林缘、山坡路旁。分布于浙江、江西、福建、广东、广西、香港、澳门、湖南、四川、贵州、云南。

延伸知识

　　苞舌兰属 Spathoglottis [（希腊语）spathe 窄平的薄片 + glossa 舌]，指唇瓣舌形。苞舌兰常混在别的植物丛中，若非花期，跟普通杂草无异。秋天盛开，花朵为鲜艳明亮的黄色，特别吸引人的目光。

60. 尼泊尔绶草

属	绶草属
学名	*Spiranthes flexuosa* (Sm.) Lindl.
保护级别	CITES II

形态特征

　　地生兰，草本。根数条，指状，肉质，簇生。叶基生，叶片线形、椭圆形或宽卵形，基部下延成柄状鞘。总状花序顶生，具多数密生的小花，似穗状，常多少呈螺旋状扭转；花小，白色，不完全展开，倒置（唇瓣位于下方）；萼片离生，近相似；中萼片直立，常与花瓣靠合呈兜状；侧萼片基部常下延而胀大，有时呈囊状；唇瓣基部凹陷，常有2枚胼胝体，有时具短爪，多少围抱蕊柱，不裂或3裂，边缘常呈皱波状；蕊柱短或长，圆柱形或棒状。花期3~6月（有的地方为1~6月）。

生境及分布

　　生于山坡林下、灌丛下、草地或河滩沼泽草甸中。分布广泛，主要分布于中国华南地区（广东、广西）至云南地区。西至南亚等地，南至中南半岛部分地区，马来群岛的部分山地也有分布。

延伸知识

　　尼泊尔绶草的英文名为 Nepalese Ladies' Tresses。目前中国绶草属有绶草、尼泊尔绶草、河边绶草、香港绶草（杂交种）。

61. 绶草

别名 盘龙参

属 绶草属

学名 *Spiranthes sinensis* (Pers.) Ames

保护级别 CITES II

形态特征

地生兰，草本。植株高 13~30 cm。根肉质，多根，簇生于茎基部。茎较短，近基部生 2~5 枚叶。叶片宽线形或宽线状披针形，长 3~10 cm，宽 5~10 mm。总状花序；花小，紫红色、粉红色或白色，在花序轴上呈螺旋状排生；萼片的下部靠合，中萼片狭长圆形，舟状，长约 4 mm，宽约 1.5 mm，与花瓣靠合呈兜状；侧萼片偏斜，披针形，长约 5 mm，宽约 2 mm；花瓣斜菱状长圆形，与中萼片等长；唇瓣宽长圆形，长约 4 mm，宽约 2.5 mm，先端钝，边缘具强烈皱波状啮齿，基部凹陷呈浅囊状。花期 4~8 月。

生境及分布

生于山坡林下、灌丛下、草地或河滩沼泽草甸中。分布于中国各省区。模式标本采自广东。

延伸知识

绶草、线柱兰、美冠兰并称"华南草地三宝"。花色白中带粉红，娇艳，花序旋转上升，犹如蛟龙盘柱，因此绶草别名亦叫"盘龙参"。地区不同，其花色及植株形态等也变化较大。

62. 带唇兰

别名	长叶杜鹃兰
属	带唇兰属
学名	*Tainia dunnii* Rolfe
保护级别	CITES II

形态特征

地生兰，草本。假鳞茎暗紫色，圆柱形，长 1~7 cm，直径 0.5~1 cm，被膜质鞘，顶生 1 枚叶。叶狭长圆形或椭圆状披针形，长 12~35 cm，宽 6~60 mm。花葶直立，纤细，长 30~60 cm；总状花序疏生多数花；花黄褐色；中萼片狭长圆状披针形，长 11~12 mm，宽 2.5~3 mm；侧萼片狭长圆状镰刀形，基部贴生于蕊柱足而形成明显的萼囊；花瓣与萼片等长而较宽；唇瓣近圆形，长 1 cm，前部 3 裂；侧裂片淡黄色，具许多紫黑色斑点，直立，三角形，长约 2.5 mm；中裂片黄色，横长圆形，先端近截形或凹缺而具 1 个短凸；唇盘具 3 条褶片；蕊柱纤细，向前弯曲，长约 8 mm。花期 3~4 月。

生境及分布

生于海拔 580~1900 m 的常绿阔叶林下或山间溪边。分布于湖南、浙江、江西、福建、台湾、广东、香港、广西、四川、贵州。

延伸知识

浅根性地生兰，根系浅埋于腐质土，或在腐烂落叶中穿行，只有根的末段入土。它的根茎横走，上面紧密连接成排的紫黑色的细长假鳞茎，每个假鳞茎顶端生长有 1 枚瘦长暗绿色叶片，叶子因为柔软而常呈现弓状弯曲。

63. 香港带唇兰

别名	香港安兰
属	带唇兰属
学名	*Tainia hongkongensis* Rolfe
保护级别	CITES II

形态特征

地生兰，草本。假鳞茎卵球形，粗 1~2 cm，幼时被鞘，顶生 1 枚叶。叶长椭圆形，长约 26 cm，宽 3~4 cm；花葶出自假鳞茎的基部，直立，不分枝，长达 30 cm；总状花序，疏生数朵花；花黄绿色带紫褐色斑点和条纹；萼片相似，长圆状披针形，长约 2 cm，宽 2.2~3.5 mm；花瓣倒卵状披针形，与萼片近等大；唇瓣白色带黄绿色条纹，倒卵形，不裂，长 11 mm，宽 6 mm，唇盘具 3 条狭的褶片；距近长圆形，长约 3 mm；蕊柱长约 7 mm。花期 4~5 月。

生境及分布

生于海拔 100~900 m 的山坡林下或山间路旁。分布于福建、广东、香港。模式标本采自香港。

延伸知识

带唇兰属 Tainia [（希腊语）tainia 带]，指花的唇瓣带形。常生长在山坡林下的岩石上，根系紧贴着石头，几乎没有或者只有很少的薄土壤，周遭覆盖一些落叶，在干涸的生长环境中努力地开出几朵黄绿色的花，展现出顽强的生命力。

64. 绿花带唇兰

别名 绿花安兰

属 带唇兰属

学名 *Tainia penangiana* Hook. f.

保护级别 CITES II

形态特征

地生兰，草本。假鳞茎卵球形，紫红色或暗褐绿色，顶生 1 枚叶。叶长椭圆形，长约 35 cm，宽 6~9 cm，先端渐尖，基部具长 27~32 cm 的柄，在背面具 5 条隆起的主脉。花葶长达 60 cm；总状花序，疏生少数至 10 余朵花；花黄绿色，带橘红色条纹和斑点；萼片近相似，长圆状披针形，长 18~21 mm，宽 3~5 mm，先端渐尖，具 7 条脉；花瓣长圆形，宽 3~4 mm，先端急尖，具 7 条脉；唇瓣白色，带淡红色斑点和黄色先端，倒卵形，上面被细乳突状毛，前部 3 裂；侧裂片近直立，卵状长圆形，先端钝并稍内弯；中裂片近心形或卵状三角形，先端急尖；唇盘从基部至中裂片先端纵贯 3 条褶片；蕊柱半圆柱形，长约 1 cm。花期 2~3 月。

生境及分布

生于海拔 700~1000 m 的常绿阔叶林下或溪边。分布于台湾、广东、海南、云南。

延伸知识

绿花带唇兰属于浅根系地生兰，假鳞茎及根茎相互连接，密集聚生成堆，具有冬季休眠的落叶习性。一堆假鳞茎中，新生假鳞茎在顶端单生一枚长柄大叶，而老假鳞茎则无叶但可以保存数年。

65. 南方带唇兰

属	带唇兰属
学名	*Tainia ruybarrettoi* (S.Y.Hu & Barretto) Z. H. Tsi
保护级别	CITES II

形态特征

地生兰，草本。假鳞茎暗紫红色，卵球形，长 2.5~5.5 cm，宽 2.5~4 cm，1 枚顶生的叶。叶披针形，长 30~45 cm，宽 4.5~5.3 cm。花葶直立，长 30~45 cm；总状花序疏生 5~28 朵花；花暗红黄色；萼片和花瓣带 3~5 条紫色脉纹，边缘黄色；中萼片狭披针形，长 2.7~3.5 cm，宽 4~5 mm；侧萼片与中萼片等大，但稍镰刀状；花瓣与萼片等大，斜倒披针形，先端锐尖；唇瓣白色，3 裂，长约 2.2 cm；侧裂片直立，围抱蕊柱，卵状长圆形，长 4~5 mm，宽约 3 mm，先端圆钝，具紫色条纹和斑点，内面被紫色毛；中裂片白色带紫色斑点，近圆形，稍向下弯，长和宽均约为 7 mm，先端锐尖，基部收狭成爪状，边缘波状；唇盘具 5 条平直的褶片；蕊柱白色带紫色斑点，长约 12 mm。花期 2~3 月。

生境及分布

常生于竹林下。分布于香港、广东、广西。模式标本采自香港。

延伸知识

中国科学院植物研究所植物标本馆馆藏着该种的标本。其中一份标本编号为 13098A，采集者为 Ronald Wong & 胡秀英教授（1975 年 3 月 14 日在香港新界采集）。后来调查发现广东河源紫金县、深圳大鹏半岛亦分布有南方带唇兰。广东为新发现的南方带唇兰分布地，之前未被收入《中国植物志》。

66. 短穗竹茎兰

别名 仙茅摺唇兰

属 竹茎兰属

学名 *Tropidia curculigoides* Lindl.

保护级别 CITES II

形态特征

地生兰，草本。植株高 30~70 cm。具粗短坚硬的根状茎和纤维根。茎直立。叶通常有 10 枚以上，疏松地生于茎上；叶片狭椭圆状披针形至狭披针形，纸质或坚纸质，长 15~25 cm，宽 2~4 cm。总状花序生于茎顶端和茎上部叶腋，具数朵至 10 余朵花；花绿白色，密集；萼片披针形或长圆状披针形，先端长渐尖；侧萼片仅基部合生；花瓣长圆状披针形，长 6~8 mm，宽约 1.3 mm；唇瓣卵状披针形或长圆状披针形，长 6~8 mm，基部凹陷，舟状，先端渐尖；蕊柱长约 3 mm。蒴果近长圆形。花期 6~8 月，果期 10 月。

生境及分布

生于海拔 250~1000 m 的林下或沟谷旁阴处。分布于广东、台湾、海南、香港、广西、云南和西藏。

67. 峨眉竹茎兰

属　　竹茎兰属

学名　*Tropidia emeishanica* K. Y. Lang

保护级别　CITES II

形态特征

地生兰，草本。植株高 22 cm，具稍粗的根状茎。茎直立，不分枝。叶 2 枚，互生于茎上部；叶片卵形或椭圆形，薄纸质，长 7~10 cm，宽 3~4 cm，先端渐尖，基部近圆形，有短柄连接于鞘。总状花序顶生，具 13 朵花；花小，绿色；中萼片长圆形，长约 5.5 mm，宽约 1.8 mm，凹陷，先端钝，3 脉；侧萼片几乎完全合生为合萼片；合萼片近倒卵状披针形，长约 6 mm，宽约 2.3 mm，先端近截形；花瓣椭圆形，凹陷，长约 5 mm，宽约 1.6 mm，先端钝；唇瓣倒卵形，长约 3 mm，宽约 2 mm，内具 1 条肥厚的纵脊，基部无距；蕊柱长约 2 mm。花期 7 月。

生境及分布

生于海拔 1150 m 的山坡林下。模式标本产地为四川（峨眉山）。

延伸知识

竹茎兰属 *Tropidia* Lindl. 为地生兰，茎单生或丛生，常较坚挺，状如细竹茎，直立。全属约有 20 种，分布于亚洲热带地区至太平洋岛屿，也见于中美洲与北美东南部。中国分布有 4 种，分别为阔叶竹茎兰、短穗竹茎兰、竹茎兰、峨眉竹茎兰。

68. 深圳香荚兰

属	香荚兰属
学名	*Vanilla shenzhenica* Z. J. Liu & S. C. Chen
保护级别	CITES II（国家二级）

形态特征

附生兰，草质攀缘藤本，多节，节间长 7~10 cm。叶互生，狭卵形或椭圆状披针形，厚肉质。花序生于叶腋，很短，具 4 花，花较大，不完全开放；唇瓣不裂，紫红色，基部与蕊柱合生长度达 3/4，刷状附属物位于唇盘的上部。花期 2~3 月。

生境及分布

生于海拔 300~500 m 的山谷较陡、边坡为阴湿石崖的石面和大树上。分布于广东南部（深圳、惠州）。

延伸知识

本种为深圳发现的第一个兰科新种，与台湾香荚兰有亲缘关系。

附表 1

陈禾洞省级自然保护区 68 种兰科植物一览表

序号	种名	别名	属名	学名	保护级别	生活型	生境
1	多花脆兰	香蕉兰	脆兰属	*Acampe rigida* (Buch.-Ham. ex J.E.Smith) P.F.Hunt	附生兰	CITES II	林中树干上、林下岩石上
2	金线兰	花叶开唇兰	开唇兰属	*Anoectochilus roxburghii* (Wall.) Lindl.	地生兰	CITES II（国家二级）	常绿阔叶林下、沟谷阴湿处
3	佛冈拟兰	N/A	拟兰属	*Apostasia fogangica* Y. Y. Yin, P. S. Zhong & Z. J. Liu	地生兰	CITES II	林下
4	牛齿兰	N/A	牛齿兰属	*Appendicula cornuta* Bl.	附生兰	CITES II	林中岩石上、阴湿石壁上
5	竹叶兰	鸟仔花	竹叶兰属	*Arundina graminifolia*（D.Don）Hoch.	地生兰	CITES II	草坡、溪谷旁、灌丛中、林中
6	芳香石豆兰	N/A	石豆兰属	*Bulbophyllum ambrosia* (Hance) Schltr.	附生兰	CITES II（广东省重点）	山地林中树干上、岩石上
7	广东石豆兰	N/A	石豆兰属	*Bulbophyllum kwangtungense* Schltr.	附生兰	CITES II（广东省重点）	山坡林下岩石上
8	棒距虾脊兰	N/A	虾脊兰属	*Calanthe clavata* Lindl.	地生兰	CITES II	山地密林下、山谷岩边
9	密花虾脊兰	密花根节兰、竹叶根节兰	虾脊兰属	*Calanthe densiflora* Lindl.	地生兰	CITES II	混交林下、山谷溪边
10	钩距虾脊兰	纤花根节兰、细花根节兰	虾脊兰属	*Calanthe graciliflora* Hayata.	地生兰	CITES II	山谷溪边、林下等阴湿处
11	乐昌虾脊兰	N/A	虾脊兰属	*Calanthe lechangensis* Z.H.Tsi & T.Tang	地生兰	CITES II（广东省重点）	山谷溪边、疏林下
12	黄兰	N/A	黄兰属	*Cephalantheropsis obcordata* (Lindley) Ormerod	地生兰	CITES II	密林下

序号	种名	别名	属名	学名	生活型	保护级别	生境
13	广东异型兰	N/A	异型兰属	*Chiloschista guangdongensis* Z. H. Tsi	附生兰	CITES II	山地常绿阔叶林中树干上
14	红花隔距兰	N/A	隔距兰属	*Cleisostoma williamsonii* (Rchb. F.) Garay	附生兰	CITES II	山地林中树干上、山谷林下岩石上
15	流苏贝母兰	贝母兰	贝母兰属	*Coelogyne fimbriata* Lindl.	附生兰	CITES II	林缘树干上、溪谷旁荫蔽岩石上
16	蛤兰	小毛兰	蛤兰属	*Conchidium pusillum* Griff.	附生兰	CITES II	林中石上、树干上
17	浅裂沼兰	N/A	沼兰属	*Crepidium acuminatum* (D. Don) Szlachetko	地生兰或半附生	CITES II	林下、溪谷旁、荫蔽处的岩石上
18	深裂沼兰	红花沼兰	沼兰属	*Crepidium purpureum* (Lindley) Szlachetko	地生兰	CITES II	林下、灌丛中阴湿上
19	建兰	四季兰	兰属	*Cymbidium ensifolium* (L.) Sw.	地生兰	CITES II (国家二级)	疏林下、灌丛中、山谷旁、草丛中
20	多花兰	蜜蜂兰	兰属	*Cymbidium floribundum* Lindl.	地生兰或半附生	CITES II (国家二级)	林中、林缘树干上、石上或岩壁上、溪谷旁岩
21	春兰	N/A	兰属	*Cymbidium goeringii* (Rchb.f.) Rchb.F.	地生兰	CITES II (国家二级)	多石山坡、林缘、林中透光处
22	密花石斛	N/A	石斛属	*Dendrobium densiflorum* Wallich	附生兰	CITES II (国家二级)	常绿阔叶林中树干上、山谷岩石上
23	聚石斛	N/A	石斛属	*Dendrobium lindleyi* Stendel.	附生兰	CITES II (国家二级)	树干上
24	美花石斛	粉花石斛	石斛属	*Dendrobium loddigesii* Rolfe	附生兰	CITES II (国家二级)	山地林中树干上、林下岩石上
25	罗河石斛	N/A	石斛属	*Dendrobium lohohense* Tang et Wang	附生兰	CITES II (国家二级)	山谷、林缘的岩石上
26	细茎石斛	铜皮石斛、台湾石斛	石斛属	*Dendrobium moniliforme* (L.) Sw.	附生兰	CITES II (国家二级)	阔叶林中树干上、山谷岩壁上
27	铁皮石斛	黑节草、云南铁皮	石斛属	*Dendrobium officinale* Kimura et Migo	附生兰	CITES II (国家二级)	山地半阴湿的岩石上

序号	种名	别名	属名	学名	生活型	保护级别	生境
28	广东石斛	N/A	石斛属	*Dendrobium kwangtungense* C. L. Tso	附生兰	CITES II（国家二级）	山地阔叶林中树干上、岩石上
29	无耳沼兰	阔叶沼兰	无耳沼兰属	*Dienia ophrydis* (J. Koenig) Ormerod & Seidenfaden	地生兰	CITES II	林下、灌丛中、溪谷旁荫蔽处的岩石上
30	单叶厚唇兰	三星石斛、小攀龙	厚唇兰属	*Epigeneium fargesii* (Finet) Gagnep.	附生兰	CITES II	沟谷岩石上、山地林中树干上
31	半柱毛兰	黄绒兰、千氏毛兰	毛兰属	*Eria corneri* Rchb.F.	附生兰	CITES II	林中树上、林下岩石上
32	钳唇兰	小唇兰	钳唇兰属	*Erythrodes blumei* (Lindl.) Schltr.	地生兰	CITES II	山坡、沟谷常绿阔叶林下阴处
33	美冠兰	N/A	美冠兰属	*Eulophia graminea* Lindl.	地生兰	CITES II	疏林中草地上、山坡阳处
34	无叶美冠兰	N/A	美冠兰属	*Eulophia zollingeri* (Rchb.F.) J.J.Smith	腐生兰	CITES II	疏林下、竹林、草坡上
35	多叶斑叶兰	厚唇斑叶兰、高岭斑叶兰	斑叶兰属	*Goodyera foliosa* (Lindl.) Benth.ex C.B. Clarke	地生兰	CITES II	林下或沟谷阴湿处
36	高斑叶兰	穗花斑叶兰、高宝兰	斑叶兰属	*Goodyera procera* (Ker-Gawl.) Hook.	地生兰	CITES II	林下
37	绒叶斑叶兰	白肋斑叶兰、鸟嘴莲	斑叶兰属	*Goodyera velutina* Maxim.	地生兰	CITES II	林下阴湿处
38	绿花斑叶兰	开宝兰、鸟喙斑叶兰	斑叶兰属	*Goodyera viridiflora* (Bl.) Bl.	地生兰	CITES II	林下、沟边阴湿处
39	细裂玉凤花	细裂玉凤兰	玉凤花属	*Habenaria leptoloba* Benth.	地生兰	CITES II	山坡林下阴湿处、草地
40	橙黄玉凤花	红人兰、红唇玉凤花	玉凤花属	*Habenaria rhodocheila* Hance	地生兰	CITES II	山坡、沟谷林下阴处地上、岩石上覆土中
41	白肋翻唇兰	白肋角唇兰、白点伴兰	翻唇兰属	*Hetaeria cristata* Bl.	地生兰	CITES II	山坡林下

序号	种名	别名	属名	学名	生活型	保护级别	生境
42	全唇盂兰	全唇皿柱兰、紫皿柱兰	盂兰属	*Lecanorchis nigricans* Honda	腐生兰	CITES II	林下阴湿处
43	镰翅羊耳蒜	不丹羊耳兰、一叶羊耳蒜	羊耳蒜属	*Liparis bootanensis* Griff.	附生兰	CITES II	林缘、林中、山谷凹处的树上或岩壁上
44	褐花羊耳蒜	N/A	羊耳蒜属	*Liparis brunnea* Ormer.	附生兰	CITES II	林下、林间草地
45	广东羊耳蒜	N/A	羊耳蒜属	*Liparis kwangtungensis* Schltr.	附生兰	CITES II	林下、溪谷旁岩石兰
46	见血青	显脉羊耳蒜、红花羊耳蒜	羊耳蒜属	*Liparis nervosa* (Thunb. ex A. Murray) Lindl.	地生兰	CITES II	林下、溪谷旁、草丛阴湿处、岩石覆土上
47	巨花羊耳蒜	紫花羊耳蒜	羊耳蒜属	*Liparis gigantea* C. L. Tso	地生兰	CITES II	常绿阔叶林下、阴湿处的岩石覆土上、地上
48	长茎羊耳蒜	N/A	羊耳蒜属	*Liparis viridiflora* (Blume) Lindl.	附生兰	CITES II	林中、山谷阴处的树上、岩石上
49	血叶兰	异色血叶兰、石上藕	血叶兰属	*Ludisia discolor* (Ker Gawl.) A. Rich.	地生兰	CITES II（国家二级）	山坡、沟谷常绿阔叶林下阴湿处
50	毛唇芋兰	青天葵、福氏芋兰	芋兰属	*Nervilia fordii* (Hance) Schltr.	地生兰	CITES II	山坡或沟谷林下阴湿处
51	小沼兰	N/A	小沼兰属	*Oberonioides microtatantha* (Schltr.) Szlach.	地生兰	CITES II	林下、阴湿处的岩石上
52	紫纹兜兰	香港兜兰、香港拖鞋兰	兜兰属	*Paphiopedilum purpuratum* (Lindl.) Stein	地生兰	CITES I（国家一级）	溪谷旁苔藓砾石丛生之地、岩石上
53	黄花鹤顶兰	斑叶鹤顶兰、黄鹤兰	鹤顶兰属	*Phaius flavus* (Blume) Lindl.	地生兰	CITES II	山坡林下阴湿处
54	鹤顶兰	红鹤兰	鹤顶兰属	*Phaius tancarvilleae* (L' Heritier) Blume	地生兰	CITES II	林缘、沟谷、溪边阴湿处
55	石仙桃	石橄榄	石仙桃属	*Pholidota chinensis* Lindl.	附生兰	CITES II（广东省重点）	林缘树上、岩壁上、岩石上

序号	种名	别名	属名	学名	生活型	保护级别	生境
56	小舌唇兰	小长距兰、卵唇粉蝶兰	舌唇兰属	*Platanthera minor* (Miq.) Rchb. F.	地生兰	CITES II	山坡林下、草地
57	独蒜兰	一叶兰	独蒜兰属	*Pleione bulbocodioides* (Franch.) Rolfe	半附生兰	CITES II (国家二级)	常绿阔叶林下、灌木林缘、腐殖质丰富的土壤上或苔藓覆盖的岩石上
58	台湾独蒜兰	N/A	独蒜兰属	*Pleione formosana* Hayata	半附生兰	CITES II (国家二级)	林下、林缘腐殖质丰富的土壤或岩石上
59	苞舌兰	黄花苞舌兰	苞舌兰属	*Spathoglottis pubescens* Lindl.	地生兰	CITES II	林缘、山坡路旁
60	尼泊尔绶草	N/A	绶草属	*Spiranthes flexuosa* (Sm.) Lindl.	地生兰	CITES II	山坡林下、灌丛下、草地或河滩沼泽草甸中
61	绶草	盘龙参	绶草属	*Spiranthes sinensis* (Pers.) Ames	地生兰	CITES II	山坡林下、灌丛下、草地或河滩沼泽草甸中
62	带唇兰	长叶杜鹃兰	带唇兰属	*Tainia dunnii* Rolfe	地生兰	CITES II	常绿阔叶林下、山间溪边
63	香港带唇兰	香港安兰	带唇兰属	*Tainia hongkongensis* Rolfe	地生兰	CITES II	山坡林下、山间路旁
64	绿花带唇兰	绿花安兰	带唇兰属	*Tainia penangiana* Hook. f.	地生兰	CITES II	常绿阔叶林下、溪边
65	南方带唇兰	N/A	带唇兰属	*Tainia ruybarrettoi* (S.Y.Hu & Barretto) Z.H.Tsi	地生兰	CITES II	竹林下
66	短穗竹茎兰	仙茅摺唇兰	竹茎兰属	*Tropidia curculigoides* Lindl.	地生兰	CITES II	林下、沟谷阴处
67	峨眉竹茎兰	N/A	竹茎兰属	*Tropidia emeishanica* K. Y. Lang	地生兰	CITES II	山坡林下
68	深圳香荚兰	N/A	香荚兰属	*Vanilla shenzhenica* Z. J. Liu & S. C. Chen	附生兰	CITES II (国家二级)	山谷较陡、边坡为阴湿石崖的石面和大树上

花期一览表

编号	种名	1月	2月	3月	4月	5月	6月	7月	8月	9月	10月	11月	12月
1	多花脆兰								■				
2	金线兰								■	■	■	■	■
3	佛冈拟兰					■	■	■					
4	牛齿兰							■					
5	竹叶兰									■	■		
6	芳香石豆兰		■	■	■								
7	广东石豆兰				■	■	■	■					
8	棒距虾脊兰											■	■
9	密花虾脊兰								■				
10	钩距虾脊兰				■	■							
11	乐昌虾脊兰				■								
12	黄兰									■	■	■	■
13	广东异型兰				■								
14	红花隔距兰				■	■	■	■					
15	流苏贝母兰								■	■	■		
16	蛤兰										■	■	
17	浅裂沼兰						■	■					
18	深裂沼兰						■	■	■				
19	建兰							■	■	■	■		
20	多花兰				■								
21	春兰			■									

编号	种名	1月	2月	3月	4月	5月	6月	7月	8月	9月	10月	11月	12月
22	密花石斛				■	■							
23	聚石斛				■	■							
24	美花石斛				■								
25	罗河石斛						■						
26	细茎石斛			■	■								
27	铁皮石斛			■	■		■						
28	广东石斛				■	■	■						
29	无耳沼兰							■	■	■			
30	单叶厚唇兰				■	■	■						
31	半柱毛兰								■	■	■		
32	钳唇兰				■								
33	美冠兰				■								
34	无叶美冠兰				■	■	■						
35	多叶斑叶兰							■	■	■	■		
36	高斑叶兰				■								
37	绒叶斑叶兰									■	■		
38	绿花斑叶兰								■	■			
39	细裂玉凤花							■	■	■			
40	橙黄玉凤花							■	■	■			
41	白肋翻唇兰										■		
42	全唇盂兰								■	■			
43	镰翅羊耳蒜							■	■				
44	褐花羊耳蒜				■	■							
45	广东羊耳蒜										■		

编号	种名	1月	2月	3月	4月	5月	6月	7月	8月	9月	10月	11月	12月
46	见血青		■	■	■	■	■	■					
47	巨花羊耳蒜		■	■	■	■							
48	长茎羊耳蒜									■	■	■	■
49	血叶兰		■	■	■								
50	毛唇芋兰					■							
51	小沼兰		■	■	■								
52	紫纹兜兰	■									■	■	■
53	黄花鹤顶兰				■	■	■	■	■				
54	鹤顶兰			■	■	■	■						
55	石仙桃			■	■	■							
56	小舌唇兰					■	■	■					
57	独蒜兰				■	■							
58	台湾独蒜兰			■	■	■							
59	苞舌兰							■	■	■	■		
60	尼泊尔绶草	■	■	■	■								
61	绶草			■	■	■	■	■					
62	带唇兰			■	■	■							
63	香港带唇兰			■	■	■							
64	绿花带唇兰		■	■									
65	南方带唇兰		■	■									
66	短穗竹茎兰						■	■	■				
67	峨眉竹茎兰							■					
68	深圳香荚兰		■	■									

参考文献

[1] 中国科学院中国植物志编辑委员会 . 中国植物志 [M]. 北京 : 科学出版社 , 2004.

[2] 陈心启 , 吉占和 , 罗毅波 . 中国野生兰科植物彩色图鉴 [M]. 北京 : 科学出版社 ,1999.

[3] 林维明 , 林松霖 . 台湾野生兰赏兰大图鉴 [M]. 台北 : 天下远见出版社 ,2006.

[4] 深圳市中国科学院仙湖植物园 . 深圳植物志第 4 卷 [M]. 北京 : 中国林业出版社 ,2016.

[5] 中国科学院昆明植物研究所 . 中国植物物种信息数据库 [DB/OL].（2010-04-03）[2023-
12-10]. http://db.kib.ac.cn/Default.aspx.

[6] 中国科学院植物研究所 . 中国自然标本馆 [DB/OL].（2008-02-01）[2023-12-10]. http://
www.cfh.ac.cn/default.html.

[7] 英 国 皇 家 植 物 园 .The plant list [DB/OL].（2011-10-13）[2023-12-10].http://www.
theplantlist.org/.

[8] 张自斌 , 杨媚 , 赵秀海 , 等 . 腐生植物无叶美冠兰食源性欺骗传粉研究 [J]. 广西植
物 ,2014,34（4）：541-547.

学名索引

中文名索引